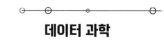

데이터 과학

Data Science
by John D. Kelleher, Brendan Tierney

데이터 과학

1판 1쇄 발행 2019. 10. 2.
1판 3쇄 발행 2024. 10. 25.

지은이 존 켈러허, 브렌던 티어니
옮긴이 권오성

발행인 박강휘
편집 이승환 | 디자인 유상현
발행처 김영사
등록 1979년 5월 17일(제406-2003-036호)
주소 경기도 파주시 문발로 197(문발동) 우편번호 10881
전화 마케팅부 031)955-3100, 편집부 031)955-3200 | 팩스 031)955-3111

값은 뒤표지에 있습니다.
ISBN 978-89-349-9917-1 04400
      978-89-349-9788-7 (세트)

홈페이지 www.gimmyoung.com   블로그 blog.naver.com/gybook
인스타그램 instagram.com/gimmyoung   이메일 bestbook@gimmyoung.com

좋은 독자가 좋은 책을 만듭니다.
김영사는 독자 여러분의 의견에 항상 귀 기울이고 있습니다.

이 책은 해동과학문화재단의 지원을 받아 NAEK 한국공학한림원과 김영사가 발간합니다.

존 켈러허·브렌던 티어니 ㅣ 권오성 옮김

Deep & Basic 2

더 나은 의사결정을 위한 통찰의 도구

데이터 과학
DATA SCIENCE

김영사

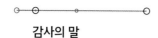

감사의 말

이 책의 초안을 읽고 의견을 준 폴 맥엘로이와 브라이언 리히에게 감사한다. 또한 MIT 출판부의 지원과 지침에, 원고를 읽고 자세하고 도움이 되는 의견을 준 익명의 검토자 두 명에게도 감사한다.

이 책을 준비하는 동안 지지와 용기를 준 가족과 친구들에게 감사의 말을 전한다. 변함없는 사랑과 우정을 보여준 아버지 존 버나드 켈러허에게 이 책을 바친다. _존 켈러허

곡예하듯 일상과 여행을 오가며 이 책을 쓰는 동안(나의 네 번째 책이다) 지속적인 지지를 보내 준 그레이스, 대니얼, 엘리노어에게 감사한다. _브렌던 티어니

일러두기
권말의 '용어설명'에 있는 말들은 본문에서 고딕체로 표기하였다.

차례

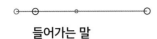

들어가는 말

데이터 과학의 목적은 큰 데이터 세트에서 끌어낸 통찰을 기반으로 더 나은 의사결정을 내리는 데 있다. 데이터 과학은 일련의 규칙, 문제의 정의, 알고리즘, 데이터 세트에서 뻔하지 않으면서 유용한 패턴을 추출하는 작업 등을 아우르는 개념이다. 데이터 과학은 데이터 마이닝, 기계학습machine learning 등과 밀접한 연관이 있지만, 범위가 보다 넓다. 현대사회의 거의 모든 부문에서 데이터 과학은 의사결정을 만들어내는 주동력 가운데 하나다. 여러분의 일상도 이미 데이터 과학에 영향을 받고 있다. 온라인에서 어떤 광고를 보게 될지, 어떤 영화나 책, 친구 관계를 추천받을지, 어떤 전자우편이 스팸메일함으로 들어갈지, 휴대전화요금제를 갱신할 때 어떤 요금제를 추천 받을지, 건강보험료는얼마가 될지, 당신이 사는 곳의 신호등이 어떤 순서와 시간 간격으로 바뀔지, 당신도 필요하게 될지 모를 신약을 어떻게 설계할지, 지역 경찰이 어떤 곳을 주로 순찰할지 등이 그렇게 결정된다.

데이터 과학이 점점 더 많이 쓰이는 이유는 빅데이터와 소셜 데이터의 부상, 컴퓨터 성능의 향상, 컴퓨터 메모리 가격의 하락, 딥러닝과 같은 더 강력한 데이터 분석, 모델링 기법의 개발 등 덕분이다. 이런 요소들이 동시에 결합되자 어떤 조직이나 단체가 데이터를 모으고, 저장하고, 분석하기가 어느 때보다 쉬워졌다. 한편 이런 기술적 혁신과 데이터 과학의 활용 범위의 확장은 '개인 정보와 데이터를 어떻게 적절하게 사용할 것인가'란 전례 없는 윤리적인 과제도 불러왔다. 이 책의 목적은 데이터 과학에서 핵심적인 요소들의 기초를 깊이 들여다봄으로써 독자가 원칙에 기초하여 데이터 과학을 이해하도록 만드는 데 있다.

1장은 데이터 과학이 현장에서 어떻게 쓰이는지 소개하고, 데이터 과학의 발전과 진화에 관한 간략한 역사를 살펴본다. 또한 오늘날 데이터 과학이 왜 중요하며 어떤 요소가 조직들이 데이터 과학을 빠르게 도입하게 만들었는지 알아본다. 끝으로 데이터 과학에 대한 그릇된 믿음을 밝히고 그 정체를 파헤쳐본다. 2장은 데이터에 대한 근본적인 개념들을 소개한다. 또 비즈니스에 대한 이해, 데이터에 대한 이해, 데이터 준비, 모델링, 검토, 적용 등 데이터 과학 프로젝트의 전형적인 단계를 묘사할 것이다. 3장은 데이터 기반 구조와 빅데이터가 불러온 과제들, 여러 출처로부터 온 데이터를 어떻게 통합하는지 등에 초점을 맞춘다. 전형적인 데이터 구조에서 나타나는 과제 가운데 하나는, 데이터를 분석할 때 데이터베이스에 있는 데이터와 데이터 저장소에 있는 데이터가 각각 다른 서버에 있기 때문에 생기는 문제를 어떻게 해결하느냐이다. 이런 구조 때문에 데이터베이스나 데이터 저장소 등에서 분석 및 기계학습을 위한 서버로 큰 데이터 세트를 옮길 때 오랜 시간이 걸리는 문제가 나타난다. 3장에서 우리는 조직들이 가지고 있는 전형적인 데이터 과학의 기반 구조에 대한 설명으로 시작해, 큰 데이터 세트를 데이터 구조 사이에 옮기는 과제를 해결하기 위해 주목받는 솔루션들을 제시할 것이다. 이런 해결책에는 데이터베이스 내장 기계학습in-database machine learning, 데이터 저장과 가공용 하둡Hadoop의 사용, 전통적인 데이터베이스 소프트웨어와 하둡 같은 솔루션을 매끈하게 결합시킨 하이브리드 데이터베이스 시스템의 개발 등이 포함된다. 끝으로 조직 각 부문의 데이터를 통합시킬 때 발생하는 과제들과 기계학습에 적합한 통합적 데이터 구성의 구현에 대해 집중적으로 살펴볼 것이다. 4장은 기계학습의 영역들을 소개하고 가장 널리 쓰이는 신경망, 딥러닝, 의사결정 나무 모델decision trees models 등의 기계학습 알고리즘과 모델들을 설명한다. 5장은 사업 중 발생하는 여러 기본적인 문제들과 기계학습으로 이를 어떻게 해결하는지에 대한 설명을 통해 기계학습의 전문 분야와 실제 세계 문제들의 연결에 초점을 맞출 것이다. 6장은 데이터 과학이 윤리에 미치는 영향, 데이터 규제의 최근 전개 방향, 데이터 과학 처리과정에서 개인의 프라이버시를 보호하는 새로운 컴퓨터 기술적 접근법 등을 검토한다. 끝으로, 7장에서는 가까운 미래에 데이터 과학이 상당한 영향을 몰고 올 영역들을 보여주고, 데이터 과학 프로젝트가 성공하는 데 결정적 역할을 하는 중요한 원칙 몇 가지를 제시할 것이다.

1
데이터 과학은 무엇인가?

데이터 과학은 큰 데이터 세트에서 쉽게 알 수 없으면서 유용한 패턴을 뽑아내기 위한 일련의 규칙, 문제의 정의, 알고리즘과 처리과정 등을 아우르는 개념이다. 데이터 과학의 많은 요소들은 기계학습이나 데이터 마이닝 같은 연관 분야에서 개발됐다. 사실, 데이터 과학, 기계학습, 데이터 마이닝 등의 용어는 종종 뒤섞여 쓰이곤 한다. 이들 분야는 데이터 분석을 통한 의사결정 개선에 초점을 맞춘다는 점에서 같다. 다른 분야들과 연관이 있긴 하지만 데이터 과학이 보다 넓은 개념이다. 기계학습은 데이터로부터 패턴을 추출하기 위한 알고리즘의 설계와 평가라는 부분에 초점이 맞춰져 있다. 데이터 마이닝은 보통 구조화된 데이터에 대한 분석을 다루는 분야이며, 종종 상업적인 서비스를 뜻하는 말로 쓰이곤 한다. 데이터 과학은 이런 내용들을 포함하면서 동시에 비정형非定型인 소셜미디어와 웹의 데이터를 수집 · 정제 · 변형하는 과제, 큰 비정형 데이터 세트를 처리 · 저장하는 빅데이터 기술의 사용, 데이터 윤리 및 규제와 연관된 질문 등의 다른 영역까지 포함하는 개념이다.

우리는 데이터 과학을 이용해서 기존과 다른 종류의 패턴을 추출할 수 있다. 예를 들어, 비슷한 행동과 취향을 보이는 고객 집단을 찾아내는 패턴을 얻고 싶다고 하자. 업계 용어로 이런 것을 고객 세분화customer segmentation라고 하는데, 데이터 과학에서는 이런 기술을 군집화clustering라고 부른다. 또는 고객들이 보통 어떤 제품과 함께 구매하는 제품들이 무엇인지 궁금할 수 있다. 이는 데이터 과학에서 연관 분석association rule mining이란 기술을 활용하면 알 수 있다. 또는 보험금 청구 사기와 같이 이상하거나 예외적인 사건들의 패턴을 추출하고 싶을 수도 있다. 이런 것은 이상anomaly 또는 극단값 탐지outlier detection라는 기술을 이용하면 쉽게 판별할 수 있다. 마지막으로, 사물들을 분류하는 패턴을 원할 수도 있다. 전자우편 가운데 '돈을 쉽게 벌 수 있어요' 같은 문구가 포함된 것은 스팸일 가능성이 높다는 규칙 같은 사례가 이런 분류 패턴의 대표적인 예다. 데이터 과학에서 예측prediction은 이런 분류 규칙을 발견해주는 기술이다. 이 기술이 미래에 무엇이 일어날지 예측하는 게 아니기 때문에 (전자우편의 스팸 여부는 과거에 이미 정해져 있다) 예측이라는 이름이 이상하게 들릴 수 있다. 그럼에도 예측이라 하는 이유는 이 기술이 미래가 아니라 현재의 어떤 속성에서 누락된 값을 예측하기 때문이다. 즉 스팸 사례의 경우, 해당 전자우편이 스팸인지 아닌지라는 누락된 속성의 값을 찾아내는 것이 바로 예측인 셈이다.

데이터 과학을 이용해 기존과 다른 종류의 패턴을 추출할 때, 우리는 항상 그 패턴이 뻔하지 않으면서도 유용하길 바란다. 앞서 스팸메일 분류 예시의 경우 규칙이 워낙 단순해서('돈을 쉽게 벌 수 있어요'라는 문구가 있는지 없는지), 애써서 데이터 과학 기술을 적용했는데도 그런 규칙밖에 나오지 않는다면 분명히 실망스러울 것이다. 인간 전문가가 쉽게 만들어낼 수 있는 규칙이라면, 대개는 시간과 노력을 들여 데이터 과학 기법을 적용할 필요는 없다고 할 수 있다. 일반적으로 데이터 과학은 데이터의 양이 많아서 인간이 수동으로 패턴을 발견하기가 너무 복잡할 때 유용하다. 달리 말하면 인간 전문가가 쉽게 확인하기 어려운 양의 데이터가 데이터 과학이 분석할 만한 양의 데이터라고 할 수 있다. 마찬가지로 패턴을 찾아내기에 얼마나 복잡한 데이터인지도 인간의 능력과 비교해 결정된다. 인간은 보통 하나나 둘, 많으면 세 개 정도의 속성을 구분하는 데에는 상당히 능숙하지만 세 개가 넘는 속성이 있는 경우, 이들 사이 어떤 관계가 있는지 파악하는 데 어려움을 겪기 시작한다. 반면, 데이터 과학은 수십, 수백, 수천 또는 극단적인 경우 수백만 개의 속성을 서로 비교하면서 그 안에서 맥락을 찾아낼 수도 있다.

이렇게 데이터 과학을 이용해 추출한 패턴은 문제를 해결하는 데 필요한 통찰을 줄 때만 유용하다. 그런 바람을 담아서, 이렇게 추출한 패턴을 실행 가능한 통찰actionable insight이라고 부르기도 한다. 여기서 통찰이란 그렇게 얻어낸 패턴이, 분명하게 드러나지 않은 문제와 관련된 정보를 주어야 한다는 뜻을 담고 있다. 실행 가능성은 이런 통찰이 현재 보유한 역량으로 어떤 식으로든 활용할 수 있는 것이어야 한다는 의미이다. 예를 들어, 한 휴대전화 회사에서 고객들이 대량 이탈하는(즉, 많은 고객이 다른 회사 제품으로 갈아타는) 문제를 해결하려 한다고 해보자. 이 문제에 데이터 과학을 활용하는 방법은 이미 떠난 고객들의 데이터에서 패턴을 추출해서 현재 고객 가운데 떠날 위험이 있는 이들을 찾아내고 접촉해 계속 자신들의 서비스를 쓰도록 설득하는 것이다. 떠나갈 위험이 있는 고객을 판별하는 패턴은 다음 같은 조건을 만족할 때만 유용하다. a)떠날 위험이 있는 고객이 실제 떠나기 전에 접촉할 수 있도록 충분히 빨리 발견해낼 수 있어야 하고, b)회사가 이들을 접촉하는 팀을 실제 꾸릴 수 있어야 한다. 회사가 패턴이 준 통찰에 기반하여 실제로 대응하기 위해서는 이 둘이 꼭 필요하다.

데이터 과학의 개략적인 역사

데이터 과학이라는 용어가 처음 쓰이기 시작한 때는 1990년대로 거슬러 올라간다. 하지만, 이 개념이 유래된 관련 분야의 역사는 훨씬 더 길다. 그 긴 역사 중 한 갈래는 데이터 수집의 역사이고, 다른 하나는 데이터 분석의 역사다. 이 절에선 두 갈래의 주된 발전 과정을 살펴보고, 이들이 어떻게, 그리고 왜 데이터 과학이라는 한 분야로 합쳐졌는지 설명할 것이다. 이를 위해선 중요한 기술적 혁신이 일어난 순서대로 해당 신기술에 대해 소개할 필요가 있다. 새 용어가 등장할 때마다 그 의미도 간략히 설명할 것이다. 각 용어의 보다 자세한 설명은 책의 뒷부분에 실었다. 데이터 수집의 역사부터 시작해 데이터 분석의 역사를 짚고, 데이터 과학의 발생을 알아보자.

데이터 수집의 역사

데이터를 기록한 최초의 사례는 날짜를 기록하기 위해 막대기에 줄을 긋거나, 하지나 동지에 일출을 표시하기 위해 땅에 기둥을 세우는 것 따위였다. 하지만 경험이나 사건을 글로 기록하는 능력이 생겨나면서부터 우리가 집적할 수 있는 데이터의 양이 크게 늘었다. 최초의 글은 기원전 3200년께 메소포타미아 지역에서 만들어졌는데 주로 상업적인 기록을 유지하기 위해 쓰였다. 이런 형식의 기록을 거래 데이터transactional data라고 한다. 거래 데이터는 상품 판매와 같은 사건들, 청구서의 발행, 상품의 운송, 신용카드 지불내역, 보험금 청구 등과 관련한 정보를 말한다. 인구통계와 같은 비거래 데이터도 거래 데이터만큼 오랜 역사를 가지고 있다. 지금까지 알려진 가장 오래된 인구조사는 기원전 3000년 파라오 시대 이집트에서 행해진 것이다. 초기 국가가 큰 노력과 자원을 들여 그런 거대한 데이터 수집 작업을 벌인 이유는 주로 세금을 걷고 군대를 양성하기 위해서였다. 벤저민 프랭클린의 말처럼 인생에서 확실한 것은 죽음과 세금 오직 둘뿐인가 보다.

지난 150년 동안 일어난 전자 센서, 디지털 데이터, 컴퓨터의 발명 덕분에 막대한 양의 데이터를 수집하고 저장할 수 있게 되었다. 에드가 F. 코드Edgar F. Codd가 1970년 발표한 관계형 데이터 모델relational data model에 대한 논문이 데이터 수집·저장에 획기적인 변화를 가져왔다. 관계형 데이터 모델은 색인(인덱스)을 만들어 데이터를 저장하고, 데이터베이스에서 다시 꺼내오는 방법을 혁명적으로 바꿔놓았다. 이 모델은 데이터의 기반 구조나 데이터가 물리적으로 어디에 저장되어 있는지 따위를 사용자가 모르더라도 미리 정의된 질의query만으로 쉽게 데이터를 추출할 수 있도록 하였다. 코드의 논문은 현대 데이터베이스와 SQLstructured query language(구조화된 질의 언어)의 토대를 쌓았을 뿐 아니라 질의에 대한 국제적인 기준을 세웠다. 관계형 데이터베이스는 사례 한 건마다 한 행에, 속성 하나마다 한 열에 배열하는 형식의 테이블에 데이터를 저장한다. 이런 형식은 데이터를 저장하는 데 이상적인데, 왜냐하면 대상을 속성별로 분해해서 저장하기 때문이다.

데이터베이스는 구조화된 거래 데이터 또는 운영 데이터operational data(어떤 회사의 매일 업무에 따라 생성되는 데이터)를 저장하고 불러오는 데 자연스러운 기술이다. 하지만, 회사가 커지고 자동화된 작업이 많아지면 각 부문에서 생성되는 데이터의 양은 극적으로 증가한다. 1990년대에 기업들은 어마어마한 양의 데이터가 축적되고 있지만 이를 적절하게 분석하지 못하는 문제에 반복적으로 부딪혔다. 그런 문제가 발생하는 이유 가운데 하나는 한 조직이 자신의 데이터를 여러 데이터베이스에 나눠서 저장하기 때문이었다. 또 다른 문제는 이런 데이터베이스가 데이터의 저장과 검색, 그리고 명령어 SELECT(선택), INSERT(추가), UPDATE(업데이트), DELETE(삭제) 등과 같은 단순한 작업들에만 최적화되어 있었다는 점이다. 이런 문제를 해결하기 위해서는 서로 다른 데이터베이스에서 데이터를 가져와 결합하고, 보다 복잡한 분석 작업을 수행할 수 있는 기술이 필요했다. 이런 필요는 데이터 창고data warehouse의 개발로 이어졌다. 조직 전체에 걸쳐 있는 데이터는 데이터 창고로 가서 합쳐지며, 데이터 창고는 분석을 위해 보다 종합적인 데이터 세트를 제공할 수 있다.

지난 약 20년 동안 우리가 사용하는 전자기기가 모바일화되고 네트워크로 연결되면서 우리는 매일 수많은 시간을 사회관계망 기술, 컴퓨터 게임, 미디어 플랫폼, 웹 검색엔진 등을 이용하며 보낸다. 이런 기술과 삶의 변화는 수집된 데이터의 양에도 엄청난 변화를 미쳤다. 글이 탄생한 이후 지난 2003년까지 약 5천 년 동안 만들어진 데이터의 양은 모두 합해 약 5엑사바이트(1엑사바이트는 2의 60승 바이트 - 옮긴이)로 추정된다. 그런데 2013년 이후에는 매일 이 정도의 데이터가 쌓이고 있다. 쌓이는 데이터의 양만 늘어난 것이 아니라 그 종류도 극적으로 다양해졌다. 몇 가지만 생각해봐도 전자우편, 블로그, 사진, 트윗, '좋아요', 공유, 웹 검색, 비디오 업로드, 온라인 구매목록, 팟캐스트 등으로 매우 다양함을 알 수 있다. 더군다나 이 각각의 데이터에 대한 메타데이터(원데이터의 속성과 구조를 설명하는 데이터)까지 생각해보면 왜 빅데이터란 말이 유행하게 됐는지 알 수 있을 것이다. 빅데이터는 보통 3개의 V로 설명된다. 어마어마한 데이터의 양volume, 그 종류의 다양함variety, 데이터를 처리하는 속도velocity 등이다.

빅데이터의 출현은 새로운 데이터베이스 기술의 개발을 이끌었다. 이 새 세대의 데이터베이스들을 보통 NoSQL 데이터베이스라고 부른다. NoSQL 데이터베이스는 전통적인 관계형 데이터베이스에 비해 단순한 데이터 모델을 가지고 있다. NoSQL 데이터베이스는 데이터를 속성과 값의 쌍 형태로 표현하는 제이슨JSON, JavaScript Object Notation과 같은 객체 표시 언어를 이용해서 데이터를 그 속성을 포함하는 객체(컴퓨터 프로그래밍 등에서 보통 어떤 개별 대상 하나를 일컫는 말 - 옮긴이)로 저장한다. 데이터를 (특정 모델에 기초한 관계형 표가 아닌) 객체로 저장하는 방식의 장점은 데이터의 속성을 각 객체 속에 담기 때문에 표현형식이 보다 유연할 수 있다는 점이다. 예를 들어, NoSQL 데이터베이스에 있는 한 객체는 다른 객체들에 없는 자신만의 속성들을 가질 수도 있다. 하지만 관계형 데이터베이스에 쓰이는 표준적인 표 형태의 데이터 구조에선 데이터들이 모두 똑같은 속성(표의 열)들을 가지고 있어야 한다. 이 유연함은 일련의 구조화된 속성들로 자연스럽게 분해하기 힘든 데이터를 처리해야 할 경우 중요하다. 예를 들어, 트윗과 같은 자유로운 형식의 글이나 사진과 같은 데이터를 몇 개의 속성들로 나누어 정의하기는 어려운 일이다. 표현형식의 유연함은 이런 데이터까지 다양한 포맷으로 수집하고 저장할 수 있게 하지만, 분석을 위해서는 이런 데이터를 구조화된 포맷으로 추출하는 과정이 여전히 필요하다.

빅데이터는 새로운 데이터 분석 프레임워크(소프트웨어 개발자가 필요에 따른 구체적인 부분을 쉽게 짤 수 있도록 일반적인 기능을 제공하는 특정 프로그램의 개발 뼈대 및 환경 - 옮긴이)의 개발로도 이어졌다. 많은 양의 데이터에 대한 질의를 빠르게 처리하려면 데이터를 여러 서버에 분산해 저장하고 질의를 각 서버의 데이터에 대해서 부분적으로 계산한 뒤 그 결과를 합쳐서 답을 내는 것이 컴퓨터 연산이나 속도 측면에서 더 낫다. 하둡(대용량의 데이터를 여러 컴퓨터의 네트워크에서 처리하는 대표적인 소프트웨어 – 옮긴이)의 맵리듀스MapReduce 프레임워크가 이런 접근법을 사용한다. 맵리듀스 프레임워크에서 데이터와 질의는 여러 서버(또는 서버들에 걸쳐서)에 매핑된 뒤 각 서버에서 계산된 부분 결과를 줄이는 (합치는) 방식으로 수행된다.

데이터 분석의 역사

통계학은 데이터의 수집과 분석을 다루는 과학이다. 전통적으로 통계학은 인구통계나 경제 관련 통계와 같이 국가 단위 데이터의 수집과 분석을 의미했다. 하지만 시간이 흐르면서 통계적 분석의 대상이 되는 데이터의 범위가 넓어졌고, 오늘날에는 모든 종류의 데이터 분석에 통계학이 쓰인다. 데이터 통계 분석의 가장 단순한 형태는 요약(기술) 통계summary(descriptive) statistics(산술평균arithmetic mean이나 측정값의 변동 범위range 등에 대한 통계)와 같은 데이터에 대한 요약이다. 그러나 17, 18세기에 지롤라모 카르다노Gerolamo Cardano, 블레즈 파스칼Blaise Pascal, 야코프 베르누이Jakob Bernoulli, 아브라함 드무아브르Abraham de Moivre,

토머스 베이즈Thomas Bayes, 리처드 프라이스Richard Price와 같은 이들이 확률 이론의 기초를 놓았고, 19세기에 여러 통계학자가 분석 도구의 하나로서 확률분포를 이용하기 시작했다. 이런 수학적 진보로 통계학자들은 요약 통계 수준을 넘어 통계 학습statistical learning이라는 새로운 단계로 접어들 수 있었다. 피에르 시몽 라플라스Pierre Simon de Laplace와 카를 프리드리히 가우스Carl Friedrich Gauss는 19세기의 유명한 수학자들 가운데서도 가장 중요한 두 사람으로, 이들은 통계 학습과 현대 데이터 과학의 성립에 지대한 공헌을 했다. 라플라스는 토머스 베이즈와 리처드 프라이스의 발견에 착안해 현재 베이즈 법칙Bayes' Rule이라고 부르는 정리의 초기 형태를 개발해냈다. 가우스는 당시 아직 발견되지 않았던 태양계 왜소 행성 세레스를 찾는 과정에서 최소제곱법method of least squares이라는 방법을 개발했다. 이는 그래프상 각 데이터 점마다 실제 값과 추정치 사이 오차의 제곱의 합을 최소화하는 방법으로, 우리는 이를 통해 데이터 세트에 들어맞는 최적의 모델을 찾을 수 있다. 최소제곱법은 선형회귀linear regression, 로지스틱 회귀logistic regression, 그리고 인공지능 분야의 인공 신경망artificial neural network 모델과 같은 통계 학습 분석법의 기초를 놓았다(4장에서 최소제곱, 회귀분석, 신경망을 더 알아본다).

1780년부터 1820년 사이 라플라스와 가우스가 통계 학습의 기초를 닦던 시기에 스코틀랜드의 공학자 윌리엄 플레이페어William Playfair는 통계 그래픽을 고안해 현대 데이터 시각화data visualization와 탐색적 데이터 분석exploratory data analysis의 기반을 구축하고 있었다. 플레이페어는 시계열 데이터에 대한 선line 차트, 면적area 차트 등을 고안했고, 서로 다른 범주의 측정량을 비교하기 위한 바bar 차트, 한 데이터 묶음에서 부분들을 표현하기 위한 파이 차트pie chart 등을 개발했다. 양적 데이터를 시각화하면, 대상을 요약·비교·해석하는 데 탁월한 우리의 시각 능력을 활용할 수 있다는 장점이 있다. 너무 크거나(측정치가 많거나), 복잡한(속성이 많은) 데이터 세트는 시각화가 쉽지 않지만, 데이터 시각화는 여전히 데이터 과학에서 중요한 부분을 차지한다. 특히 데이터 시각화는 데이터 과학자가 작업 중인 데이터를 탐색하고 이해하는 데 요긴하다. 또한 데이터 과학 프로젝트의 결과를 다른 사람에게 설명할 때도 유용하다. 윌리엄 플레이페어 시대부터 데이터 시각화 그래픽의 종류가 꾸준히 늘어나면서 오늘날에는 다차원의 큰 데이터 세트까지 시각화하는 시도가 이루어지고 있다. 최근 개발된 t-분포 확률적 임베딩t-distributed stochastic neighbor embedding(t-SNE) 알고리즘은 다차원 데이터를 2차원 또는 3차원으로 줄여 시각화하는 데 유용하게 쓰이고 있다.

확률 이론과 통계학의 발전은 20세기에도 계속됐다. 칼 피어슨Karl Pearson은 현대적 가설 검정을 개발했고, R. A. 피셔R. A.
Fisher는 다변량 분석multivariate analysis을 위한 통계적 방법의 개
발과 사건의 상대 확률에 근거해 결론을 도출하는 방법인 최대
우도추정치maximum likelihood estimate를 이용한 통계적 추론을
제안하였다. 2차 세계대전 중 앨런 튜링은 훗날 전자 컴퓨터의
개발로 이어지는 기초 작업을 하였는데, 컴퓨터는 복잡한 통계
적 계산을 척척 해내면서 통계학을 극적으로 발전시켰다.
1940년대 이후 여러 컴퓨터 모델이 개발되었고, 이들은 데이터
과학 분야에서 여전히 널리 쓰이고 있다. 워렌 맥컬럭Warren
McCulloch과 월터 피츠Walter Pitts는 1943년 신경망의 첫 수학적
모델을 제안했다. 1948년 클로드 섀넌Claude Shannon은 〈커뮤니
케이션의 수학적 이론A Mathematical Tehory of Communication〉이
라는 논문을 발표하며 정보 이론Information Theory이라는 새 영
역을 열었다. 1951년 이블린 픽스Evelyn Fix와 조셉 호지스Joseph
Hodges는 판별 분석discriminatory analysis (지금은 **분류**classification
또는 패턴 인식pattern recognition 문제로 불린다)을 위한 모델을 제안
했는데, 이는 오늘날 최근접 이웃nearest neighbor 모델의 기초가
되었다. 이런 전후 발전들은 1956년 미국 다트머스대학교에서
탄생한 인공지능artificial intelligence이라는 분야로 집대성되었다.
이 초기 단계의 인공지능 개발 과정에서도 이미 데이터로 컴퓨
터를 학습시키는 프로그램에 기계학습이라는 이름이 붙은 바

있다. 1960년대 중반, 기계학습 분야에 세 가지 중요한 공헌이 있었다. 닐스 닐슨Nils Nilsson은 1965년《학습 기계Learning Machines》라는 책을 펴내 어떻게 신경망이 분류를 위한 선형 모델을 배울 수 있는지 설명했다. 이듬해인 1966년 얼 B. 헌트Earl B. Hunt, 재닛 마린Janet Marin, 필립 J. 스톤Philip J. Stone은 개념 학습concept-learning 시스템 프레임워크를 개발했다. 이는 의사 결정 나무 모델을 포함하는 하나의 중요한 기계학습 알고리즘 무리의 시초라고 할 수 있는 알고리즘이다. 또 여러 독립적인 연구자들이 현재 데이터(고객) 세분화 알고리즘의 표준으로 쓰이는 k-평균k-means 분류 알고리즘의 초기 버전을 비슷한 시기에 개발해 발표했다.

기계학습은 큰 데이터 세트에서 흥미로우면서 유용한 패턴을 자동적으로 분석해내는 알고리즘이기 때문에 현대 데이터 과학의 핵심으로 떠올랐다. 기계학습 분야에선 지금 이 순간에도 발전과 혁신이 계속되고 있다. 여러 모델들이 하나의 묶음(또는 위원회)을 구성해 각 질의에 대해 투표를 하고 이를 모아 결과를 예측하는 앙상블 모델ensemble models, 여러 개(3개 초과)의 뉴런 층을 이용해 분석하는 보다 최근의 딥러닝 신경망deep-learning neural networks의 개발 등을 중요한 발전으로 꼽을 수 있다. 신경망의 깊은 층은 (앞의 층에서 들어온 여러 개의 서로 상호작용하는 속성들을 결합해 처리함으로써) 입력 데이터에서 일반화한 패턴을 추출하는 능력이 있다. 이런 방식으로 속성 간 복잡한 관계를 배울 수 있는 능력 때문에 신경망 딥러닝은 고차원 데이터를 처리하는 데 특히 적합하며 기계 시각machine vision 분석과 자연어 처리natural langauge processing 분야에 혁명을 몰고 왔다.

앞서 데이터베이스 역사에서 봤듯이, 1970년대 초는 에드가 F. 코드의 관계형 데이터 모델과 이어지는 데이터 생성 및 저장의 폭발적인 증가로 현대 데이터베이스 기술이 시작한 때였으며, 이는 1990년대 데이터 창고의 개발 그리고 최근의 빅데이터 혁명으로 이어졌다. 그러나 빅데이터가 출현하기 전인 1980년대 말부터 1990년대 초 사이에 이미 연구 영역에선 큰 데이터 세트를 분석할 방법이 필요하다는 인식이 분명히 나타나고 있었다. 데이터 마이닝이라는 말이 데이터베이스 커뮤니티에서 쓰이기 시작한 때도 그 즈음이다. 이런 요구에 대한 부응 가운데 하나가 앞서 말한 데이터 창고의 개발이다. 하지만 일부 데이터베이스 연구자들은 다른 학문 영역에서 해법을 찾기 시작하였고, 이에 그레고리 퍄테츠키샤피로Gregory Pia-tetsky-Shapiro는 1989년 최초의 '데이터베이스에서 지식 찾기KDD, Kenowledge Discovery in Databases'라는 워크숍을 열었다. 이 첫 KDD 워크숍에서 나온 다음의 선언은 큰 데이터베이스를 분석하기 위해 이들이 어떤 학제적인 접근을 했는지 잘 요약하고 있다.

데이터베이스에서 지식 찾기는 여러 흥미로운 도전 과제들을 내놓는데, 특히 데이터베이스가 클 때 그렇다. 방대한 데이터베이스는 보통 해당 분야에 대한 상당한 전문성을 요구하는데, 이런 전문성은 지식 찾기에 특히 필요하다. 큰 데이터베이스를 구축하는 것은 샘플링이나 다른 필요한 통계적 기법들 때문에 비용이 많이 드는 일이다. 궁극적으로, 데이터베이스에서 지식 찾기는 전문가 시스템, 기계학습, 지능형 데이터베이스, 지식 획득, 통계 등 몇몇 다른 분야의 여러 도구와 기술로부터 많은 도움을 얻을 수 있다.[1]

사실, 데이터베이스에서 지식 찾기와 데이터 마이닝은 같은 개념을 설명하는 다른 표현으로, 데이터 마이닝은 업계에서 더 널리 쓰이고 KDD는 학계에서 더 자주 쓰일 뿐이다. 오늘날, 이 말들은 서로 대체 가능하며[2] 여러 최고 수준의 학회에서도 두 단어를 함께 쓰고 있다. 실제로, 이 분야 최초의 학술 컨퍼런스는 '지식 발견과 데이터 마이닝 국제 컨퍼런스International Conference on Knowledge Discovery and Data Mining'이다.

데이터 과학의 출현과 진화
데이터 과학이라는 말이 널리 쓰이기 시작한 것은 1990년대 후반으로, 컴퓨터 과학자들과 컴퓨터를 이용한 큰 데이터 세트 분석에 대한 논의를 할 때 통계학자들이 수학적 엄밀함을 강조하기 위해 쓰곤 했다. 1997년 C. F. 제프 우C. F. Jeff Wu는 '통계학 = 데이터 과학?'이라는 대중 강연을 하면서 당시 통계학의 분명한 경향 몇 가지를 강조했는데, 거대 데이터베이스의 크고 복잡한 데이터 세트 활용, 컴퓨터 알고리즘과 모델이 점점 더 많이 쓰이는 현상 등이었다. 강연의 결론은 이제 통계학을 데이터 과학으로 바꿔 불러야 한다는 것이었다.

2001년 윌리엄 S. 클리브랜드William S. Cleveland는 데이터 과학을 대학교의 한 학과로 두는 실행 계획을 발표했다. 데이터 과학 학과가 수학과 컴퓨터 과학 부문의 파트너십으로 만들어져야 한다는 것이다. 또한 데이터 과학은 학제적인 노력의 산물이어야 하며 데이터 과학자는 여러 다른 주제의 전문가와 협력하는 법을 알아야 한다는 점도 강조했다. 같은 해에 레오 브레이먼Leo Breiman은 〈통계 모델링: 두 종류의 문화〉(Breiman 2001)라는 논문을 발표했다. 브레이먼은 데이터 분석의 최우선 목표를 분석 대상 데이터가 어떻게 생겨났는지 설명하는 (숨겨진) 통계적 데이터 모델(예를 들면 선형회귀)을 찾아내는 것이라고 보는 전통적인 통계학적 접근법을 데이터 모델링 문화라고 보았다. 반면 (데이터가 어떻게 생성되었는지 설명하기보다) 컴퓨터 알고리즘을 이용해 예측 모델을 만드는 데 더 집중하는 문화를 알고리즘 모델링 문화라고 했다. 데이터를 설명하는 모델에 집중

하는 통계적 접근과 정확한 예측에 집중하는 알고리즘적 접근이라는 구분과 차이는 통계학자와 기계학습 연구자 사이에도 그대로 적용된다. 둘 사이의 논쟁은 통계학계에서 여전히 진행 중이다(Shmueli 2010). 일반적으로, 오늘날 데이터 과학 프로젝트는 정확한 예측 모델을 만드는 기계학습 접근법에 더 가까우며 데이터를 설명하는 통계적 접근에는 관심이 덜하다. 즉, 데이터 과학은 통계학과 연관되어 주목을 받았고 여전히 많은 방법론과 모델을 통계학으로부터 빌려오고 있지만, 시간이 흐르면서 그와 구분되는 데이터 분석 방법을 개발해오고 있는 셈이다.

2001년부터는 데이터 과학의 개념이 통계학을 다시 정의하는 수준을 넘어섰다. 예를 들어, 지난 10년 동안 사람들이 활발하게 온라인 활동(온라인 구매, 소셜미디어 이용, 온라인 엔터테인먼트 등)을 하면서 생성되는 데이터의 양은 엄청나게 많아졌다. 데이터 과학자들은 이런 데이터를 수집하고 다루는 데이터 과학 프로젝트를 위해 웹에서 생성되는 (종종 비구조화된) 데이터를 수집, 병합, 정리하는 프로그래밍과 해킹 기술(악의적인 시스템 침투 기술이 아닌 네트워크를 파악하는 기술 - 옮긴이) 등을 개발할 필요가 생겼다. 또 빅데이터의 출현으로 하둡과 같은 빅데이터 기술도 다룰 줄 알아야 했다. 사실, 오늘날 데이터 과학자라는 개념은 워낙 넓어져서 그 역할과 요구되는 전문성, 기술 등을 어떻게 정의해야 하는지에 대해서도 논의가 한창 진행 중이다.[3] 그래도 대부분 사람들이 인정하는 전문성과 기술 몇 가지를 나열해볼 수는 있다. 그림 1은 데이터 과학자에게 반드시 요구되는 전문성과 기술 등을 보여준다. 개인이 이 모든 영역에 달인이 되기는 어렵기 때문에, 대부분의 데이터 과학자는 이 가운데 몇 개 부문에만 깊이 있는 지식과 진짜 전문성을 갖추고 있다. 그래도 각 영역이 데이터 과학 프로젝트에 어떻게 기여하는지를 잘 알고 있는 것은 데이터 과학자에게 중요한 일이다.

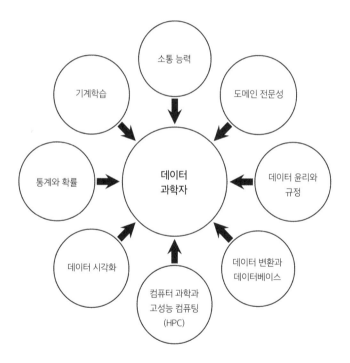

그림 1 데이터 과학자가 갖춰야 할 기술들.

데이터 과학자는 도메인 영역(데이터가 다루고 있는 특정 분야, 예컨대 범죄율 데이터를 다룰 경우 형사법에 대한 지식 같은 것을 말함 - 옮긴이)에 대한 지식을 어느 정도 갖추고 있어야 한다. 대부분 데이터 과학 프로젝트는 실제 세계의 특정한 문제로부터 출발하며, 데이터 과학은 데이터를 이용해 이 문제를 푸는 방법을 설계하는 일이기 때문이다. 따라서 데이터 과학자는 문제를 이해하고, 그것이 왜 중요하며, 데이터 과학의 해결책이 조직의 업무 처리 과정에 어떻게 부합하게 되는지 등에 관해 충분한 지식을 가지고 있어야 한다. 이런 도메인 전문지식을 통해 최적의 해결책을 발견할 수 있다. 또 해당 분야 전문가와 건설적인 협업을 통해 진짜 문제에 대한 관련 지식을 도출하고 이해할 수 있다. 나아가 이런 경험은 이후에 관련된 분야에서 비슷한 프로젝트를 할 때 문제 핵심과 범위를 간파하는 데 도움이 된다.

데이터는 모든 데이터 과학 프로젝트의 중심에 있다. 하지만, 어떤 조직이 데이터에 접근할 수 있다고 해서 그 데이터에 대한 합법적이고 윤리적인 권한을 가지고 있다는 뜻은 아니다. 대부분의 사법체계에는 데이터를 사용할 때 누군가를 차별하지 않고, 개인정보를 보호하면서 쓰도록 규제하는 조항이 있다. 따라서 데이터 과학자는 이런 규정을, 또 보다 넓게는 데이터를 합법적이고 적합하게 사용한다는 것의 윤리적 의미를 이해하고 있어야 한다. 이 내용은 데이터 사용에 대한 법적 규제와 데이터 과학의 윤리적 문제들을 논의하는 6장에서 다시 다룰 것이다.

　대부분 조직에서 데이터의 상당량은 데이터베이스로부터 오게 될 것이다. 더 나아가 조직의 데이터 아키텍처data architecture(기업 등에서 자신의 데이터를 어떻게 다룰지에 대해 구축한 체계와 구조 - 옮긴이)가 점점 커지면 데이터 과학 프로젝트는 여러 출처에서 온 다양한 데이터들을 다루기 시작하는데, 이런 출처들을 보통 빅데이터 소스bigdata sources라고 한다. 이런 데이터는 서로 다른 다양한 포맷으로 온다. 포맷은 관계형이나 NoSQL 또는 하둡 등의 데이터베이스 양식 가운데 하나를 따르는 경우가 많다. 데이터 과학자는 이런 다양한 데이터베이스와 데이터 출처에서 온 데이터를 분석하기 위해 그것을 결합하고, 정제하고, 변형하고, 정규화해야 한다. 이런 공정은 ETL(extraction-추출, transformation-변환, load-적재)이나 데이터 짓이기기munging, 데이터 랭글링wrangling(논쟁), 데이터 퓨전fusion, 데이터 부수기crunching 등 다양한 이름으로 불린다. 이런 과정을 통해 생성된 데이터도 원천 데이터와 비슷한 방식으로 저장하고 관리해야 한다. 즉 조직의 서로 다른 부서에 쉽게 배포하고 공유할 수 있는 형태로 다시 데이터베이스에 저장되어야 하는 것이다. 요약하자면 데이터 과학자는 데이터베이스의 데이터를 상대하고 조작하는 기술을 갖추고 있어야 한다.

　데이터 과학자는 빅데이터에서 새롭고 의미 있는 정보를 추출하기 위해 여러 종류의 컴퓨터 과학 기술과 도구를 이용하게 된다. **고성능 컴퓨팅**high-performance computing, HPC은 여러 컴퓨터의 연산력을 끌어모아 하나의 컴퓨터가 할 수 있는 능력을 뛰어넘는 능력을 발휘하는 것이다. 많은 데이터 과학 프로젝트는 매우 큰 데이터 세트로 작업하며, 기계학습 알고리즘은 컴퓨터 연산 측면에서 비용이 많이 드는 일이다. 이런 상황에서 고성능 컴퓨팅에 접근하고 그것을 사용할 줄 아는 기술은 중요할 수밖에 없다. 고성능 컴퓨팅 외에 앞서 이미 웹 데이터를 수집하고 정제하고 통합하는 기술이 중요하다고 언급한 바 있는데, 여기에는 비정형의 텍스트와 이미지 데이터를 처리하는 능력도 포함된다. 나아가, 특정한 일을 수행하거나 기존에 있던 애플리케이션을 데이터와 도메인 영역의 일에 맞도록 손보기 위해 데이터 과학자가 사내용 프로그램의 코드를 짜야하는 경우가 있을 수도 있다. 끝으로, 기계학습 모델을 이해하고 개발하며 이를 조직의 백-엔드back-end(고객이 접하는 프론트-엔드의 상대적 개념으로 생산자가 컴퓨터 시스템이나 프로그램과 접하는 끝단 - 옮긴이)에서 필요로 하는 생산 또는 분석 애플리케이션과 통합하는 컴퓨터 기술이 필요한 경우도 있다.

데이터를 그래픽 형태로 보여주는 것은 데이터로 무슨 일을 하고 있는지 상대를 이해시킬 수 있는 좋은 방법이다. 데이터 시각화는 데이터 과학 공정의 모든 단계에 적용할 수 있다. 데이터를 표 형태로 다루다 보면 극단값outlier이나 분포의 경향, 시간에 따른 미묘한 변화 등을 놓치기 쉽다. 하지만 데이터를 그래픽 형식으로 잘 표현하면 이런 속성들이 금방 눈에 띈다. 데이터 시각화는 점점 성장하는 중요한 분야로, 효과적인 데이터 시각화를 위한 원리와 기법에 관한 훌륭한 개론서로 에드워드 터프티Edward Tufte의 《양적 정보의 시각적 표현The Visual Display of Quantitative Information》(2001)과 스티븐 퓨Stephen Few 의 《숫자를 보여주세요: 이해를 위한 표와 그래프 디자인Show Me the Numbers: Designing Table and Graphs to Enlighten》(2012) 두 권을 추천한다.

통계와 확률의 방법론은 데이터를 수집·조사하는 초기부터 결과를 다른 모델이나 분석법과 비교하는 후기까지 데이터 과학 프로젝트 내내 쓰인다. 기계학습은 데이터에서 패턴을 찾기 위해 다양한 고급 통계 기법과 컴퓨터 기술을 사용한다. 기계학습을 응용해서 적용할 때 데이터 과학자가 꼭 자신의 기계학습 알고리즘을 직접 짤 필요는 없다. 기계학습 알고리즘이 어디에 쓰일 수 있고, 그 결과가 무엇이며, 어떤 종류의 데이터가 해당 알고리즘에 필요한지 등을 이해하고 있으면, 기계학습 알고리즘을 그레이박스(사용자가 내부 구조의 일부만 알고 있는 소프트웨어 – 옮긴이)처럼 여기고 사용하면 된다. 이렇게 하면 데이터 과학자는 기계학습의 활용 측면에 집중할 수 있으며, 여러 알고리즘 가운데 최적의 결과를 내놓는 것이 무엇인지 비교해볼 수 있다.

끝으로, 성공적인 데이터 과학자가 되는 핵심 요소 가운데 하나는 데이터에서 이야기를 발견할 줄 아는 능력이다. 이런 이야기는 데이터 분석으로 발견한 통찰을 드러내 보이거나, 프로젝트 중 만들어낸 모델이 조직의 일 처리 방식에 어떻게 적용될 수 있는지, 조직의 한 부문 기능에 어떤 영향을 미칠 수 있는지 등을 잘 보여줄 수 있다. 결과물을 잘 활용해서 기술적 배경이 없는 동료들도 이해하고 믿도록 설득할 수 없다면, 뛰어난 데이터 과학 프로젝트도 그 의미를 잃는다고 할 수 있다.

데이터 과학은 어디에 쓰이나?

데이터 과학은 현대사회의 거의 모든 부문에서 의사결정을 이끄는 동력이 되고 있다. 이 절에선 데이터 과학이 미치는 영향을 소비재 회사가 데이터 과학을 판매와 마케팅에 활용하는 경우, 정부가 보건·형사사법·도시계획에서 데이터 과학을 이용하는 경우, 프로 스포츠 팀이 선수 영입을 위해 데이터 과학을 활용한 경우 등 3가지 사례를 통해 살펴볼 것이다.

판매와 마케팅 영역에서 데이터 과학

월마트(다른 유통 체인도 마찬가지로)는 포스POS, point-of-sale(보통 바코드를 읽는 판독기 등이 딸린 가게 계산대의 단말기 – 옮긴이) 시스템이나 월마트 웹사이트에서 고객의 행동 추적 기술, 소셜미디어에 남긴 평가 등을 이용해 소비자의 선호를 집적한 데이터 세트를 보유하고 있다. 지난 10년 동안 월마트는 이에 대한 데이터 과학 분석을 통해 상점의 재고 수준을 최적화해왔다. 대표적 사례가 2004년 허리케인 찰리가 강타했을 때의 데이터 분석을 바탕으로 몇 주 뒤 허리케인 프랜시스가 상륙했을 때 태풍 경로에 있는 매장에 딸기맛 팝타르트pop-tarts를 채운 것이다. 보다 최근에는 소셜미디어 트렌드 분석을 통해 새 제품을 선보이거나, 신용카드 사용량 분석을 통해 고객에게 제품을 추천하거나, 고객의 온라인 경험을 보다 개인화하고 최적화하는 데에 데이터 과학을 사용해 매출을 끌어올린 예가 있다. 월마트는 자사의 온라인 매출 증가의 10~15퍼센트 가량이 데이터 과학을 이용한 최적화 덕분이라고 분석한다(DeZyre 2015).

오프라인에서의 상향판매up-selling(고객이 희망했던 상품보다 더 비싼 상품을 사도록 유도하는 판매 기법들 – 옮긴이)나 교차판매cross-selling(한 제품을 산 고객이 다른 제품도 사도록 유도하는 기법들 – 옮긴이)와 같은 기법을 온라인에서는 '추천 시스템'이라 할 수 있다. 만약 당신이 넷플릭스에서 영화를 보거나 아마존에서 상품을 구입했으면, 이런 웹사이트는 데이터를 수집해서 다음에 당신이 보거나 구매할 만한 상품을 추천한다. 추천 시스템은 여러 방식으로 설계될 수 있다. 어떤 추천 시스템은 당신이 블록버스터 영화나 인기 제품을 선택하도록 유도하는 반면, 다른 시스템은 당신의 취향에 적합한 니치(틈새) 제품을 제안한다. 크리스 앤더슨Chris Anderson은 저서 《롱테일 경제학The Long Tail》(2008)에서 제품 생산과 배포에 드는 비용이 낮아지면서 시장이 소수의 히트 제품을 대량으로 파는 방식에서 다수의 틈새 제품을 소량으로 파는 방식으로 변하는 경향이 있다고 분석했다. 이런 히트 제품 방식과 틈새 제품 방식 사이에 균형을 잡는 것은 추천 시스템 설계의 가장 근본적인 요소로, 어떤 데이터 과학 알고리즘을 활용했는지가 중요한 영향을 미친다.

정부의 데이터 과학 활용

정부도 근래 데이터 과학 도입의 장점을 인식하기 시작했다. 미국 정부의 경우, D. J. 파틸D. J. Patil 박사를 최초의 책임 데이터 과학자로 채용한 바 있다. 미국 정부가 거대 데이터 과학 프로젝트 도입의 선봉으로 택한 분야 가운데 하나는 보건이다. 캔서 문샷Cancer Moonshot[4]이나 프리시전 메디슨Precision Medicine(환자 맞춤형의 정밀 의료 프로젝트 – 옮긴이)과 같은 프로젝트의 핵심에 데이터 과학이 있다. 정밀 의료는 인간의 유전체 서열 분석과 데이터 과학을 결합해 개별 환자에 맞는 맞춤 약을 제조하는 개념이다. 정밀 의료 프로젝트 가운데 하나인 올 오브 어스All of Us 계획[5]은 이런 맞춤 의약 개발을 위해 1백만 명 자원자의 환경, 라이프스타일, 생체 데이터를 모은 데이터베이스를 구축하는 사업인데, 이는 세계 최대 규모다. 또 데이터 과학은 장기 도시계획 분야에서 환경, 에너지, 교통 시스템을 추적·분석·통제하는 방식으로 도시 설계의 혁명을 몰고 오고 있다(Kitchin 2014). 보건과 스마트 도시에 대해선 7장에서 데이터 과학이 우리 삶에 얼마나 더 중요해질지에 대해서 논할 때 다시 이야기할 것이다.

미국 정부의 폴리스 데이터 이니셔티브Police Data Initiative[6]는 경찰이 관할 커뮤니티에서 가장 필요로 하는 곳에 자원을 집중할 수 있게 돕는 프로젝트다. 여기선 범죄가 가장 빈발하는 곳을 예측하는 데 데이터 과학이 쓰인다. 하지만 시민 자유 관련 시민단체는 형사 정책에서 데이터 과학의 쓰임에 대해 비판을 제기한다. 우리는 6장에서 데이터 과학으로 인해 발생하는 프라이버시와 윤리적 문제에 대해 다시 이야기할 텐데, 이 논의의 흥미로운 점 가운데 하나는 어떤 영역을 이야기하느냐에 따라 개인 프라이버시와 데이터 과학의 관계에 대한 사람들의 의견이 달라진다는 점이다. 많은 사람들이 개인 데이터를 공공 의료 연구에 사용하는 데에는 아무 문제가 없다고 생각하지만 이를 경찰이나 범죄 수사기관이 사용하는 것에 대해선 매우 다른 의견을 갖고 있다. 우리는 6장에서 개인 정보와 데이터 과학을 생활, 건강, 자동차, 주거, 여행 보험료 등 여러 영역에서 사용하는 것에 대해 논의할 것이다.

프로 스포츠 영역에서 데이터 과학

브래드 피트가 출연한 영화 〈머니볼Moneyball〉(2011)은 현대 스포츠에서 데이터 과학이 얼마나 많이 쓰이고 있는지 잘 보여준다. 이 영화는 같은 이름의 책(Lewis 2004)을 바탕으로 했는데, 오클랜드 애슬레틱스Oakalnd A's란 야구팀이 데이터 과학을 이용해 선수 영입 방식을 향상시켰던 실제 이야기를 바탕으로 한다. 이 팀의 경영진은 공격수를 평가할 때 전통적으로 중요하게 생각했던 타율 같은 통계가 아니라 출루율이나 장타율과 같은 통계가 오히려 더 유용한 정보를 제공할 수 있다는 점에 착안했다. 오클랜드 애슬레틱스는 이런 통찰을 바탕으로 저평가된 선수들을 영입했고, 이 덕분에 적은 예산으로도 좋은 성적을 낼 수 있었다. 데이터 과학을 이용한 이 팀의 성공은 야구에 혁명을 몰고 왔다. 이제 대부분의 다른 야구팀들도 비슷한 데이터 기반 전략을 선수 영입과 결합시키고 있다.

〈머니볼〉의 이야기는 경쟁적인 시장 환경에서 데이터 과학이 조직에 어떤 이점을 가져올 수 있는지 보여준 분명한 사례다. 하지만 순수하게 데이터 과학 관점에서 본다면, 〈머니볼〉 이야기에서 가장 중요한 점은 데이터 과학의 가장 중요한 가치가 유용한 정보를 제공하는 속성이 무엇인지 파악하는 데 있다는 부분이다. 사람들은 보통 데이터 과학의 가치가 프로젝트를 통해 모델을 만들어내는 데 있다고 믿곤 한다. 하지만 해당 영역의 중요 속성이 무엇인지 파악하기만 하고 나면, 데이터에 기반한 모델을 만드는 일 따위는 아주 쉽다. 성공의 요건은 맞는 데이터를 얻어 정확한 속성을 찾는 데 있는 것이다. 《괴짜경제학Freaknomics: A Rogue Economist Explores the Hidden Side of Everything》에서 스티븐 레빗Steven D. Levitt과 스티븐 더브너Stephen Dubner는 이런 관찰력의 중요성을 여러 문제에서 잘 보여준 바 있다. 그들이 말했듯, 현대인의 삶을 이해하는 핵심은 '무엇을 어떻게 측정할지를 아는 데' 있기 때문이다(2009, 14). 우리는 데이터 과학을 이용해 데이터 세트에서 중요한 패턴을 발견할 수 있으며 해당 영역의 중요한 속성도 밝혀낼 수 있다. 수많은 도메인에서 데이터 과학이 쓰이고 있는 이유는, 어떤 문제라도 명료하게 정의할 수 있고 맞는 데이터만 있다면 도움을 줄 수 있기 때문이다.

왜 지금인가?

지금 데이터 과학이 성장하는 이유에는 많은 요소들이 있다. 앞서 살짝 언급했듯이, 데이터를 수집하기가 상대적으로 쉬워지면서 빅데이터가 부상한 것이 그중 하나다. 포스 단말기의 거래 내역을 통해서건, 온라인 플랫폼의 클릭 데이터를 통해서건, 소셜미디어에 올린 글이나, 스마트폰의 앱, 그 밖에 다른 어떤 채널을 통해서건, 기업은 각 고객에 대해 예전보다 훨씬 풍부한 프로필 정보를 구축할 수 있다. 다른 요소는 데이터 저장소가 규모의 경제를 갖추면서 데이터 저장 비용이 과거 어느 때보다 낮아진 점을 들 수 있다. 또 컴퓨터 연산력이 엄청나게 좋아졌다. 그래픽 카드와 그래픽 처리 장치graphical processing units, GPUs는 원래 컴퓨터 게임에서 그래픽 랜더링(2차원 화상을 빛, 색상 처리 등으로 3차원처럼 만들어주는 과정 – 옮긴이)을 하기 위해 개발된 장치들이다. 이 장치들은 행렬 곱셈이라는 연산을 특히 빠르게 수행한다. 그런데 행렬 곱셈은 그래픽 랜더링뿐 아니라 기계학습에도 굉장히 자주 쓰이는 연산이다. 그래픽 처리 장치는 최근 기계학습에 최적화되어 나오면서 데이터 처리와 모델 훈련의 속도를 크게 높였다. 쓰기 쉬운 데이터 과학 도구가 소개되면서 이 영역에 진출하고자 하는 이들의 진입 장벽을 낮춘 점도 중요한 요소다. 종합하면, 지금은 그 어느 때보다 데이터를 모으고, 저장하고, 처리하기가 쉬워졌다.

지난 10년 동안 기계학습 분야에서도 큰 발전이 있었다. 특히 딥러닝 기법이 떠오르면서 컴퓨터가 언어와 이미지 데이터를 처리하는 방법에 혁명을 몰고 왔다. 딥러닝은 여러 층의 단위가 있는 네트워크로 구성된 신경망 모델 집단을 통틀어 일컫는 말이다. 신경망은 1940년대에 이미 소개됐지만, 최적으로 작동하기 위해선 크고 복잡한 데이터 세트와 상당한 규모의 훈련용 컴퓨터 자원이 필요하다. 즉 근래에야 딥러닝이 부상한 이유에는 빅데이터와 컴퓨터 연산력의 성장이 관련되어 있는 것이다. 현대의 딥러닝은 각종 영역에 전례 없는 영향을 미치고 있다고 해도 결코 과언이 아니다.

딥마인드DeepMind의 컴퓨터 프로그램 알파고AlphaGo[7]는 딥러닝이 학문 분야를 어떻게 바꾸고 있는지 보여준 훌륭한 예다. 바둑은 3천 년 전 중국에서 유래한 보드 게임이다. 바둑의 규칙 자체는 체스에 비해 훨씬 단순하다. 경기자가 서로 번갈아 자신의 돌을 두면서 상대방의 돌이나 빈 공간을 둘러싸 자신의 영역을 늘리는 게 게임의 목표다. 하지만 규칙이 단순하고 돌을 놓을 수 있는 판이 넓기 때문에 가능한 경우의 수는 체스에 비해 훨씬 많다. 실제 바둑판에서 가능한 경우의 수는 우주의 모든 원자 수보다 많다. 탐색해야 할 경우의 수가 훨씬 많고 각각의 수를 평가하기도 어렵기 때문에 바둑은 컴퓨터에게 체스에 비해 훨씬 어려운 경기다. 딥마인드 연구팀은 딥러닝 기술을 이용해 경우의 수를 따지고 다음 수를 결정하는 알파고를 만들었다. 그 결과, 알파고는 프로 바둑 기사를 이긴 최초의 컴퓨터 프로그램이 되었다. 뿐만 아니라 18번이나 바둑 세계 챔피언에 오른 바 있는 프로 기사 이세돌을 2016년 3월 세계 2억 명 이상이 시청한 시합에서 꺾었다. 불과 2009년까지만 해도 세계 최고의 바둑 프로그램도 잘 두는 아마추어 그룹의 하위 수준에 불과했는데, 알파고가 7년 만에 인간 세계 챔피언을 상대로 거둔 승리는 딥러닝이 어떠한 기술인지 잘 보여준다 하겠다. 2016년 알파고를 구성하는 딥러닝 알고리즘에 대한 논문은 세계에서 가장 영향력 있는 과학 저널 가운데 하나인 〈네이처〉에 실렸다 (Silver, Huang, Maddison, et al. 2016).

딥러닝은 여러 유명 기업의 소비자 분석 기법에도 큰 영향을 미쳤다. 페이스북은 사용자의 얼굴 인식과 각 개인별 광고를 위한 온라인 대화의 텍스트 분석 등에 딥러닝 기술을 사용한다. 구글과 바이두Baidu는 이미지 인식, 자막 달기와 검색, 그리고 기계 번역 등에 딥러닝 기술을 쓴다. 애플의 시리Siri, 아마존의 알렉사Alexa, 마이크로소프트의 코타나Cortana, 삼성의 빅스비Bixby 등 가상 비서들은 딥러닝 기술에 기반해 음성을 인식한다. 화웨이Huawei는 중국 시장을 겨냥한 가상 비서를 개발 중인데, 역시 딥러닝 음성 인식을 사용한다. 이 책의 4장 '기계학습 101'에서 신경망과 딥러닝에 대해 보다 자세히 설명할 것이다. 딥러닝이 중요한 기술적 진보이긴 하지만, 데이터 과학의 성장에 있어서 아마도 더 중요한 요소는 이런 유명한 성공 사례들로 인해 데이터 과학의 잠재력과 이점에 대한 대중의 관심이 점점 커지고 조직들이 뛰어들었기 때문일 것이다.

데이터 과학에 대한 미신

오늘날 데이터 과학이 조직들에 많은 이점을 가져다 줄 수 있다는 것은 사실이지만, 그것을 둘러싼 과장도 역시 많다. 따라서 그 한계가 무엇인지도 알아야 한다. 데이터 과학에 대한 가장 큰 미신 가운데 하나는 자동화된 공정에 우리 데이터를 맡기기만 하면 모든 문제에 대한 답을 주리라는 생각이다. 실제 데이터 과학은 공정의 각 단계마다 이를 감독할 노련한 인간 전문가가 필요하다. 인간 분석자는 문제를 규정하고, 필요 데이터를 설계·준비하고, 어떤 기계학습 알고리즘이 가장 적합한지 결정하고, 분석 결과를 비판적으로 해석하고, 분석이 드러낸 통찰을 바탕으로 적절한 실행 계획을 세우는 일들을 맡아야 한다. 노련한 인간 감독자가 없으면 데이터 과학 프로젝트는 목적 달성에 실패할 수밖에 없다. 데이터 과학이 최고의 결과를 얻는 경우는 인간 전문가가 적절한 능력의 컴퓨터와 협업했을 때이다. 고든 린오프Gordon Linoff와 마이클 베리Michael Berry는 이에 대해 "데이터 마이닝은 컴퓨터가 자신이 가장 잘하는 것, 즉 큰 데이터 더미를 파헤치는 일을 하도록 한다. 그 다음에는 사람이 가장 잘하는 것, 즉 문제를 정의하고 결과를 해석하는 일을 해야 한다"고 말했다(2011, 3).

데이터 과학이 널리, 많이 쓰이면서 그 많은 조직들이 어떻게 적절한 자질을 갖춘 인간 전문가를 찾고 고용하느냐 하는 것이 데이터 과학 분야의 가장 큰 도전 가운데 하나가 되었다. 데이터 과학 분야의 인재는 희귀해서 이런 인력 부족은 데이터 과학 도입의 병목 현상을 일으키는 가장 큰 이유다. 맥킨지 글로벌 연구소McKinsey Global Institute는 2011년 미국에서만 데이터 과학과 분석 기술 인력이 14만 명에서 19만 명가량 부족할 것이며 데이터 과학과 분석 공정을 감독하고 결과물을 적절하게 이해할 수 있는 매니저급 인력의 공급은 더 부족해서 약 150만 명에 달할 것이라고 전망했다(Manyika, Chui, Brown, et al. 2011). 이 연구소는 5년 뒤인 2016년 보고서에서 아직 손대지 않은 여러 영역으로 데이터 과학이 확장되겠지만 인력은 여전히 부족해서, 단기적으로 25만 명의 데이터 과학자가 부족할 것이라고 분석했다(Henke, Bughin, Chui, et al. 2016).

데이터 과학에 대한 두 번째로 큰 미신은 모든 데이터 과학 프로젝트는 빅데이터가 필요하며 딥러닝 기술을 써야만 한다는 것이다. 일반적으로 더 많은 데이터를 가지고 있으면 좋은 게 사실이지만, 그것보다 맞는right 데이터를 갖고 있는 게 더 중요하다. 데이터 과학 프로젝트는 구글, 바이두, 마이크로소프트 같은 회사에 비해 훨씬 작은 데이터와 컴퓨터 연산력을 가지고 있는 조직에서도 자주 이뤄진다. 월 100건의 보험금 신청을 받는 보험 회사에서 보험금 예측에, 1만 명 미만의 학생이 중퇴하는 대학에서 중퇴 예측에, 수천 명 회원으로 구성된 노동조합에서 조합원 탈퇴 예측에 데이터 과학을 사용하는 작은 규모의 프로젝트들이 실제 있다. 꼭 테라바이트 단위의 데이터를 거대한 컴퓨터 자원으로 다룰 수 있는 조직만 데이터 과학의 혜택을 볼 수 있는 것은 아니다.

세 번째 미신은 현대 데이터 과학 소프트웨어가 쓰기 편하니 데이터 과학도 하기 쉽다는 것이다. 데이터 과학 도구들이 보다 사용자 친화적으로 된 것은 사실이다. 하지만 사용의 편리함에 가려져서, 해당 도메인에 대한 지식과 데이터의 특징 및 서로 다른 기계학습 알고리즘의 근본 가정들에 대한 이해라는 양쪽의 자질을 모두 갖추고 있어야 데이터 과학을 수행할 수 있다는 사실은 보지 못하기 쉽다. 사실 지금처럼 데이터 과학을 잘못하기 쉬운 때도 없다. 다른 모든 일들과 마찬가지로, 데이터 과학을 하면서 지금 무슨 일을 하고 있는지 제대로 이해하지 못한다면 실수를 하기 마련이다. 데이터 과학의 위험은, 사람들은 기술을 두려워하기 때문에 소프트웨어가 내놓는 결과는 무엇이든 믿는 경향이 있다는 점이다. 잘못된 데이터 과학의 경우 분석자가 잘 모르고 문제를 잘못 정의하거나, 엉뚱한 데이터를 쓰거나, 잘못된 가정 아래 분석 기술을 적용했을 수 있다. 이 경우 소프트웨어가 내놓는 결과는 잘못된 질문에 대한 답이거나, 잘못된 데이터에 기초했거나, 틀린 계산의 결과물이 되는 것이다.

끝으로 덧붙이고 싶은 미신은 데이터 과학이 금방 제값을 하리라는 생각이다. 실제는 조직의 상황에 따라 달라진다. 조직이 데이터 기반시설을 구축하고 데이터 과학 전문성을 지닌 인력을 고용해야 하는 경우 데이터 과학 도입 초기에 상당한 투자가 필요하다. 그렇게 해도 모든 프로젝트에서 늘 좋은 결과가 나오는 것은 아니다. 데이터 분석을 한다고 늘 숨겨진 보석 같은 통찰이 나오는 게 아니며, 설사 좋은 결과가 나와도 조직이 그에 따른 실행 계획을 세우지 못할 수도 있다. 하지만, 발생한 문제를 잘 이해하고 적절한 데이터와 인간 전문가가 있다면 데이터 과학은 (보통) 실행 가능한 통찰을 제공할 수 있으며, 이는 성공에 필요한 경쟁 우위를 확보하는 데 도움이 된다.

2

데이터와 데이터 세트란 무엇인가?

데이터 과학이란 그 이름이 말하듯 근본적으로 데이터에 관한 것이다. 데이터란 가장 단순하게 말하면 현실 세계의 어떤 것(사람, 사물, 또는 사건)에 대한 추상물이다. 변수variable, 특징feature, 속성attribute 등은 이런 추상물의 개별 요소를 일컫는 말들로, 서로 섞여서 쓰인다. 통상 현실의 어떤 것 하나는 여러 속성으로 묘사할 수 있다. 예를 들어 책이 저자, 제목, 주제, 분야, 출판사, 가격, 출판일, 단어 수, 장의 수, 쪽수, 판 정보, 국제표준도서정보(ISBN) 등의 속성을 가지고 있듯이 말이다.

데이터 세트는 하나가 각각 여러 속성으로 묘사되는 관측치의 집합인 데이터로 구성된다. 데이터 세트의 가장 기본 형식[1]은 분석 기록analytics record이라고 부르는 $n \times m$ 형태의 데이터 행렬로, 여기서 n은 관측치의 개수(행), m은 속성의 개수(열)이다. 데이터 과학에서 데이터 세트와 분석 기록이라는 말은 섞여서 쓰이는데, 분석 기록은 데이터 세트의 한 특별한 형식으로 볼 수 있다. 표 1은 고전에 대한 한 데이터 세트의 분석 기록을 보여준다. 각 행은 하나의 책을 나타낸다. 인스턴스instance, 사례example, 개체entity, 객체object, 경우case, 개별자individual, 기록record 등이 모두 한 행을 일컫는 데이터 과학의 용어들이다. 즉, 데이터 세트는 인스턴스의 묶음이며 각 인스턴스는 여러 속성들의 묶음인 셈이다.

표 1 고전에 대한 데이터 세트

ID	제목	저자	연도	제본	판	가격
1	《에마Emma》	오스틴Austen	1815	페이퍼백	20	$5.75
2	《드라큘라Dracula》	스토커Stoker	1897	양장본	15	$12.00
3	《아이반호Ivanhoe》	스콧Scott	1820	양장본	8	$25.00
4	《납치Kidnapped》	스티븐슨Stevenson	1886	페이퍼백	11	$5.00

분석 기록을 구성하는 것은 데이터 과학을 수행하기 위한 선결 조건이다. 사실, 대부분 데이터 과학 프로젝트에서 이 분석 기록을 만들고, 정돈하고, 업데이트하는 데에 가장 많은 시간과 노력이 들어간다. 분석 기록은 보통 여러 다양한 출처의 정보를 합쳐서 구축되는데, 여러 데이터베이스, 데이터 창고, 다양한 형

식(스프레드시트나 csv)의 파일 등에서 추출하거나 인터넷이나 소셜미디어에서 수집한 데이터 등이 포함된다.

표 1에는 책 4권이 있는데 ID를 제외하면(ID는 단지 각 행을 구분하는 레이블, 꼬리표에 불과하기 때문에 분석에는 별로 도움이 되지 않는다), 각 책에는 제목, 저자, 연도, 제본, 판, 가격 등 6개의 속성이 있다. 다른 많은 속성들이 더 포함될 수 있겠지만 대부분의 데이터 과학 프로젝트가 그렇듯이 우리는 데이터 세트를 구성할 때 어디까지 포함시킬지 선택할 수밖에 없다. 표 1에서는 이 책의 페이지 크기에 따라 속성의 개수를 한정할 수밖에 없었다. 대부분 데이터 과학 프로젝트의 경우, 이런 제한은 보통 어떤 속성에 대한 데이터를 모을 수 있는지, 그리고 알고 있는 도메인 지식에 비춰 그 속성이 풀고자 하는 문제와 관련이 있는지 등에 따른다. 추가 속성을 데이터 세트에 포함시키면 그에 따른 대가가 있다. 첫째, 데이터를 더 모으고 그 안에 있는 각 사례의 속성 정보가 제대로 되어 있는지 확인하고 이것을 원래 분석 기록과 합치는 등 별도의 시간과 노력이 들어간다. 둘째, 만약 관련이 없거나 중복되는 속성을 포함시킬 경우 데이터 분석에 쓰이는 알고리즘에 해로운 영향을 미칠 수 있다. 데이터 세트에 너무 많은 속성을 넣으면 일부 속성들 때문에 알고리즘이 단지 통계적으로만 유의미하고 문제 해결과는 무관한 패턴을 찾을 확률도 올라가기 때문이다. 어떻게 적절한 숫자의 속성을 고를

것인가는 모든 데이터 과학 프로젝트의 과제로, 가끔 전체 속성의 부분 집합을 여러 방식으로 바꿔가면서 결과를 도출하고 서로 비교하는 시행착오 실험으로 이를 찾는 경우도 있다.

속성의 종류는 다양한데, 각 종류에 따라 적절한 분석 방법도 다르다. 서로 다른 속성 종류를 이해하고 분류할 줄 아는 것은 데이터 과학자가 갖춰야 하는 기본 기술 가운데 하나다. 속성에는 기본적으로 숫자형numeric, 명목형nominal, 순서형ordinal 등이 있다. 숫자형 속성은 정수 또는 실수 등 계측 가능한 양으로 표시할 수 있는 속성을 말한다. 숫자형 속성은 구간 척도interval scale 또는 비율 척도ratio scale로 측정할 수 있다. 구간 척도 속성이란 임의의 시작점으로부터 정해진 임의의 간격으로 측정한 값으로 표시하는 속성을 말하는데, 날짜나 시간 등이 여기 속한다. 구간 척도 속성은 순서를 매기거나 서로 값을 빼는 작업 등을 하기에는 적절하지만 다른 수학적 연산(곱하기나 나누기 등)을 하기에는 부적절하다. 비율 척도는 구간 척도와 비슷하긴 하지만 진짜 영점이 있다. 여기서 0의 값은 측정할 수량이 없다는 것을 의미한다. 진짜 영점이 있기 때문에 비율 척도의 한 값은 다른 값의 곱(또는 비율)으로 표시할 수 있다. 구간 척도와 비율 척도의 구분을 이해하는 데 좋은 예가 온도다.[2] 온도에서 섭씨나 화씨 척도는 구간 척도인데 왜냐하면 섭씨나 화씨에서 0도는 열이 하나도 없다는 뜻은 아니기 때문이다. 따라서 우리는 서로 다른 온도를 비교해서 몇 도 차이가 나는지는 이야기할 수 있지만, 20℃가 10℃에 비해 2배 따듯하다고 할 수는 없는 것이다. 반면에, 켈빈Kelvin이라는 온도 단위는 비율 척도가 되는데 왜냐하면 0K(절대 영도)가 모든 열운동이 멈춘 상태를 뜻하기 때문이다. 비율 척도의 다른 예로는 돈의 액수, 몸무게, 키, (0점에서 100점 사이의) 시험 점수 등을 들 수 있다. 표 1에서 '연도' 속성은 구간 척도의 예이며, '가격' 속성은 비율 척도의 예라 할 수 있다.

명목형 (또는 범주형이라고도 한다) 속성은 한정된 선택지 가운데서 값을 택하는 속성을 말한다. 어떤 것의 범주, 집단, 상태의 이름(그래서 '명목'이라 한다)이 이런 속성의 값이 된다. 명목형 속성의 예로는 결혼 상태(미혼, 기혼, 이혼)나 맥주의 종류(에일, 페일에일, 필스너, 포터, 스타우트 등) 등이 있다. 이항 속성은 명목 속성의 특수한 경우로, 선택 가능한 값이 오직 2개인 경우를 말한다. 이항 속성의 예로는 어떤 전자우편이 스팸메일인지(참) 아닌지(거짓) 두 개의 값만 갖는 '스팸' 속성이나 어떤 사람이 흡연자인지(참) 아닌지(거짓) 표시하는 '흡연자' 속성 등이 있다. 명목형 속성은 순서나 수학적 계산 등을 할 수 없다. 명목형 속성도 알파벳으로 정렬을 할 수는 있지만, 그것이 값의 순서를 매기는 것ordering과는 다르다는 점을 기억해두자. 표 1의 경우 '저자'와 '제목'이 명목 속성의 예이다.

순서 속성은 명목 속성과 비슷하지만, 명목 속성과 달리 값의 순위를 매길 수 있다는 점이 다르다. 예를 들어, 설문 조사 응답 가운데에는 '매우 싫음, 싫음, 중립, 좋음, 매우 좋음'과 같은 것들이 있다. 이런 값들은 '매우 싫음'에서 '매우 좋음'까지(또는 경우에 따라 반대로) 자연적인 순서가 있다. 하지만 이런 순서 속성에서 각 값들 사이의 거리가 모두 같다고 봐선 안 된다는 점을 유의하자. 예를 들어, '싫음'과 '중립' 사이의 인지적인 거리감은 '좋음'과 '매우 좋음' 사이의 거리와 같지 않을 수도 있다. 따라서 순서형 속성에 수학적 계산(예를 들어 평균값 구하기)을 해선 안 된다. 표 1의 경우, '판' 속성이 순서형 속성의 예라 할 수 있다. 명목과 순서형 속성 사이의 구분이 항상 분명한 것은 아니다. 예를 들어, 날씨를 묘사하는 속성을 생각해보면 '맑음', '비', '흐림' 등이 있다. 어떤 사람은 특정 값이 다른 값에 비교해 자연적인 순서가 있진 않기 때문에 이 속성이 명목형이라고 생각하는 반면, 어떤 사람은 '흐림'이 '맑음'과 '비' 사이에 있기 때문에 순서형이라고 생각할 수도 있는 것이다(Hall, Witten, and Frank 2011).

속성의 종류(숫자형, 순서형, 명목형)는 데이터의 분포를 이해하는 기본적인 통계나 속성 간의 관계를 설명하는 패턴을 찾아내는 복잡한 알고리즘까지, 그 데이터를 분석하고 이해하는 데 쓰는 방법들에 영향을 미친다. 가장 기본 수준의 분석에서 보면, 숫자형 속성은 수학 연산이 가능하다. 그리고 집중경향성(자료의 중앙을 나타내는 척도. 값들의 평균을 이용하는 분석)이나, 분산성(자료의 퍼진 정도를 나타내는 척도. 값들의 분산이나 표준편차를 이용하는 분석)과 같은 전형적인 통계 분석 방법이 적용 가능하다. 하지만 이런 수학 연산을 명목형이나 순서형 속성에 적용하는 것은 전혀 맞지 않다. 이런 데이터의 기본 분석은 각 값들이 등장하는 횟수를 세거나 각 값들의 발생 비율을 계산하는 것 등이 적합하다.

데이터는 추상화 작업을 통해 생성되는 것이기 때문에, 모든 데이터는 누군가의 결정과 선택의 산물이라 할 수 있다. 모든 추상화 작업은 누군가(또는 한 무리의 사람들)가 대상을 어떤 요소들로 추상화하고, 어떤 범주나 측정 방법을 이용해 이 추상화된 값을 표현할 것인가를 결정해서 이뤄지는 것이다. 이 말은 데이터는 결코 세상에 대한 객관적인 표현물이 아니라는 것이다. 데이터는 항상 부분적이고 편향된 것이다. 알프레드 코르집스키Alfred Korzybski가 간파했듯 "지도는 그것이 나타내는 어떤 지역 자체가 아니라, 사실은 필요에 따라 만들어진 해당 지역과 비슷한 어떤 구조에 불과한" 것이다(1996, 58).

다르게 말하면, 데이터 과학을 위해 우리가 쓰는 데이터는 현실 세계의 대상이나 이해하고자 하는 어떤 공정의 완벽한 재현이 아니라는 것이다. 하지만 우리가 사용하는 데이터를 모으고 분석을 설계할 때 충분히 세심하다면, 분석 결과는 실제 세계 문제를 해결하는 데 유용한 통찰을 제공할 수 있다. 1장에서 나온

〈머니볼〉 이야기는 데이터 과학 프로젝트에서 성공을 결정짓는 요소는 주어진 분야를 어떻게 데이터로 추상화할(어떤 속성을 뽑아 낼) 것인가에 달려 있다는 점을 잘 보여준다. 〈머니볼〉 이야기의 핵심은 공격 성공을 결정짓는 것은 야구에서 전통적으로 중시하던 타율이 아니라 출루율이나 장타율과 같은 속성에 있다는 점을 오클랜드 애슬레틱스팀이 깨달았다는 데 있다. 오클랜드는 선수를 평가할 때 다른 속성을 사용함으로써 다른 팀들보다 나은 모델을 쓸 수 있었으며, 이를 통해 저평가된 선수들을 찾아내고 적은 예산으로도 큰 팀들과 경쟁을 할 수 있었던 것이다.

〈머니볼〉 이야기는 컴퓨터 과학의 오래된 격언인 "쓰레기가 들어가면, 쓰레기가 나온다garbage in, garbage out"이라는 말이 데이터 과학에도 사실임을 보여준다. 컴퓨터 공정에 들어온 투입물이 부정확하면, 공정의 산출물도 부정확할 것이다. 이는 곧 다음 두 가지가 데이터 과학에서 더할 나위 없이 중요하단 뜻이다. a)데이터 과학을 성공적으로 수행하려면 데이터를 어떻게 만들어낼지(데이터 추상화 과정의 선택과 이런 추상화 공정을 통해 뽑아 내는 데이터의 품질을 모두 포함)에 큰 공을 들여야 한다는 점, b)데이터 과학 공정의 결과물이 말이 되는지 확인해야 한다는 점, 즉 컴퓨터가 데이터에서 패턴을 찾아냈다고 해서 그것이 바로 우리가 분석하고자 하는 대상에 대한 진짜 통찰을 의미하는 것은 아니며, 패턴은 단지 데이터 분석 설계나 추출 과정에서 섞

여 들어간 편향 탓에 나타난 것일 수도 있다는 점을 이해해야
한다는 사실이다.

데이터에 대한 관점

데이터의 종류(숫자형, 명목형, 순서형) 외에도 여러 가지 유용한
데이터 구분 방식들이 있다. 그중 하나는 정형structured과 비정
형unstructured 데이터의 구분이다. 정형 데이터는 표 형태로 저
장이 가능하고, 모든 행들이 같은 구조(즉, 같은 속성)를 가진 데
이터이다. 인구통계 데이터를 예로 들 수 있는데, 그 표에서 각
행은 한 사람을 의미하고 모든 사람은 같은 인구통계적 속성(이
름, 나이, 생년월일, 주소, 성별, 교육 수준, 취업 상태 등)을 가지고 있다.
정형 데이터는 쉽게 저장하고, 정돈하고, 검색하고, 재정렬해서,
다른 정형 데이터와 결합할 수 있다. 정형 데이터는 데이터 과
학 분석을 하기가 비교적 쉬운데, 이미 분석 기록으로 변환·적
용하기 적합한 포맷으로 정의되어 있기 때문이다. 비정형 데이터
는 데이터 세트의 각 행이 그 자체의 내부 구조를 가지고 있고,
이 구조가 다른 행과 같지 않을 수도 있는 데이터를 말한다. 예
를 들어 웹페이지들의 데이터 세트를 생각해볼 수 있다. 각 웹
페이지는 모두 구조를 가지고 있지만 각 구조는 페이지마다 다

르다. 비정형 데이터는 정형 데이터보다 훨씬 흔하다. 예컨대, 인간의 텍스트(전자우편, 트윗, 문자 메시지, 인터넷 글, 소셜 등)의 모음은 비정형 데이터라 할 수 있다. 마찬가지로 소리들, 이미지, 음악, 비디오, 멀티미디어 파일 등의 모음도 모두 비정형 데이터. 각 요소마다 구조가 다른 다양성 때문에 비정형 데이터는 자연 상태로는 분석이 어렵다. 그래서 인공지능 기술(자연어 처리나 기계학습 등), 디지털 신호 처리, 컴퓨터 비전 등의 기술을 이용해 비정형 데이터에서 정형 데이터를 추출하곤 한다. 하지만, 이런 데이터-변환 공정을 도입하는 것은 비용이 많이 들고 시간이 걸리기 때문에 데이터 과학 프로젝트에 큰 자금 부담을 주고 완결 시점을 지연시킬 수 있다.

데이터의 속성이 어떤 사건이나 사물에서 바로 온 날 것raw의 추상화인 경우가 있다. 예를 들어, 사람의 키, 전자우편의 낱말 개수, 어떤 방의 온도, 어떤 사건이 일어난 시간과 장소 등의 데이터가 그렇다. 하지만 다른 데이터에서 파생된derived 것일 때도 있다. 한 회사의 평균 임금이나 어떤 방의 특정 기간 동안 온도의 분산 등을 생각해보라. 두 사례 모두 원래 날 것의 데이터(각 개인의 임금과 방의 온도 측정값)에 어떤 함수를 적용해 나온 파생된 데이터들이다. 데이터 과학 프로젝트의 진짜 가치는 종종 해결하고자 하는 문제에 통찰을 줄 수 있는 파생 속성 하나나 여러 개를 파악하는 데서 나오곤 한다. 어떤 나라 국민의 비만 정도를 더 잘 파악하기 위해, 한 개인이 비만인지 아닌지 판단하는 속성이 무엇인지를 알아내려는 경우를 생각해보자. 우리는 날 것의 속성들, 즉 키나 몸무게 등을 먼저 파악하기 시작할 것이다. 하지만 한 동안 문제를 연구한 뒤에는 더 유용한 정보를 제공하는 파생 속성, 예컨대 체질량지수BMI, Body Mass Index와 같은 것을 개발할 수 있게 된다. 체질량지수는 어떤 사람의 몸무게와 키의 비율이다. 날 것의 속성인 '몸무게'와 '키' 사이의 상호작용interaction으로 나온 이 속성은 각 속성을 독립적으로 살펴볼 때보다 더 많은 정보를 제공하기 때문에 비만 위험에 있는 사람들을 파악하는 데 더 큰 도움을 줄 것이다. 체질량지수는 파생 속성의 중요성을 설명하기 위해 든 단순한 사례다. 어떤 주어진 문제에 대한 통찰을 여러 개의 파생 속성으로부터 얻을 수 있는데, 각 파생 속성은 2개(또는 그 이상)의 다른 속성들과 연관되어 있는 경우를 생각해보자. 우리가 쓰게 될 알고리즘 가운데 일부는 이런 날 것의 데이터에서 파생 속성들을 추출해낼 수 있는데, 그런 면에서 데이터 과학이 제공하는 진짜 가치는 여러 개의 속성이 서로 상호작용을 하는 곳에서 그 맥락을 파악하는 데에 있다고 할 수 있다.

수집된 원데이터raw data는 보통 두 종류로 나뉘는데, 포획 데이터captured data와 방출 데이터exhaust data 다(Kitchin 2014a). 포획 데이터는 데이터를 수집하기 위한 목적으로 계획된 직접 측정 또는 관찰을 통해 모은 데이터를 말한다. 예컨대 설문 조사나 실험의 주목적은 특정한 관심사에 대한 구체적인 데이터를 모으는 것이다. 반면 방출 데이터는 주목적이 데이터 포획이 아닌 다른 공정에서 부산물로 만들어지는 데이터를 말한다. 예를 들어, 여러 소셜미디어 기술의 주목적은 사용자가 다른 사람과 서로 연결하도록 돕는 것이다. 하지만 사람들이 사진을 공유하고, 블로그 글을 올리고, 트윗을 리트윗하고, 글에 '좋아요'를 표시하면서 누가 공유했는지, 누가 봤는지, 어느 시간대에, 어떤 기기를 썼으며, 얼마나 많은 사람들이 보거나 '좋아요'를 하거나 리트윗했는지 등의 데이터가 자동차 배기가스처럼 방출된다. 마찬가지로, 아마존 웹사이트의 주목적은 사람들이 사이트에서 물건을 구매할 수 있게 하는 것이다. 하지만 각 구매마다 사용자가 장바구니에 무슨 상품을 담았는지, 얼마나 오래 머물렀는지, 함께 본 다른 상품은 무엇인지 등 상당량의 방출 데이터가 생산된다.

　가장 흔한 방출 데이터 가운데 하나는 메타데이터다. 메타데이터는 다른 데이터에 대한 데이터다. 에드워드 스노든Edward Snowden은 미국 국가안보국US National Security Agency의 감시 프로그램 프리즘PRISM에 대한 문서를 폭로하면서 국가안보국이 사람들의 통화에 대한 엄청난 양의 메타데이터를 수집했다고 밝힌 바 있다. 이 말은 국가안보국이 사람들의 통화 내용을 수집한 것이 아니라(즉 도청이 아니라), 언제 통화를 했고, 누가 받았으며,

얼마나 오랫동안 통화했는지 등 통화에 대한 데이터를 수집했다는 뜻이다(Pomerantz 2015). 이런 데이터의 수집은 그렇게 나빠 보이지 않을 수 있지만, 스탠포드 대학교의 메타폰MetaPhone이라는 연구는 통화의 메타데이터가 개인의 얼마나 민감한 부분까지 드러낼 수 있는지 조명한 바 있다. 통화 상대가 될 수 있는 많은 기관들은 각각 특수성을 가지고 있기 때문에 어떤 기관에 전화를 건 것만으로도 그 사람에 대한 민감한 정보를 추론할 수 있다. 예를 들어, 이 연구에서 사람들이 전화를 한 기관 가운데에는 알코홀릭 어나니머스Alcoholic Anonymous(알콜중독자의 절제를 돕는 단체 – 옮긴이), 이혼 전문 변호사, 성병 전문 의료 기관 등이 있었다. 전화를 거는 패턴 역시 많은 것을 드러낸다. 연구진은 패턴 분석을 통해 매우 민감한 정보까지 밝혀낼 수 있음을 보였다.

참가자 A는 여러 지역 신경학 관련 단체, 특수한 전문 약국, 희귀 질환 관리 서비스, 재발형 다발성 경화증(뇌, 척수, 시신경 등 중추신경계에 발생하는 신경면역계 질환 – 옮긴이) 약제에 전문화된 핫라인 등과 통화를 했다. … 참가자 D는 3주 동안 주택 개조 용품 가게, 자물쇠 수리인, 수경재배 상인, 헤드샵head shop(마약 복용과 관련 있는 물건을 파는 가게 – 옮긴이) 등에 전화를 걸었다(Mayer and Mutchler 2014).

데이터 과학은 전통적으로 포획 데이터에 중점을 두어왔다. 하지만 메타폰 연구가 보여주듯, 방출 데이터는 여러 상황에서 숨겨진 통찰을 제공해줄 수 있다. 최근 몇 년 동안 방출 데이터는 그 가치가 점점 높아졌는데, 특히 서로 다른 방출 데이터를 연결해서 개별 고객에 대한 더 풍부한 개인정보를 파악하고 그에 따른 맞춤형 서비스와 마케팅을 하고 싶어하는 고객 관계 분야에서 관심이 급증했다. 사실, 방출 데이터의 가치와 이런 가치의 문을 열 잠재력이 데이터 과학에 있다는 사실이 발견된 점이 오늘날 비즈니스 영역에서 데이터 과학의 성장을 이끄는 중요 이유 가운데 하나이기도 하다.

데이터는 쌓이지만, 지혜는 그렇지 않다

데이터 과학의 목적은 데이터를 이용해 통찰과 깨달음을 얻는 것이다. 성경은 깨달음(명철)을 얻기 위해 지혜를 찾으라고 우리에게 가르친다. "지혜가 제일이니 지혜를 얻으라 네가 얻은 모든 것을 가지고 명철을 얻을 지니라"(잠언 4:7). 이 가르침은 맞는 말이지만, 어떻게 지혜를 얻을 것인지에 대한 의문은 남는다. T. S. 엘리엇의 시 〈바위로부터의 합창Choruses from The Rock〉의 다음 행은 지혜, 지식, 정보의 위계구조를 묘사하고 있다.

우리가 지식에서 잃어버린 지혜는 어디 있는가?

우리가 정보에서 잃어버린 지식은 어디 있는가?

(Eliot 1934, 96)

엘리엇의 위계구조는 지혜, 지식, 정보 사이의 구조적 관계에 대한 모델인 DIKW 피라미드(그림 2)에 그대로 반영되어 있다. DIKW 피라미드에서 데이터는 정보에 선행하고, 정보는 지식에, 지식은 지혜에 선행한다. 이 위계구조에서 층의 순서는 큰 논란이 없지만, 각 층이 어떻게 구분되며 한 층에서 다음 층으로 이동하기 위한 공정이 무엇인가는 논쟁거리다. 하지만 폭넓

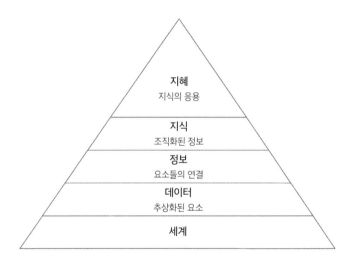

그림 2　DIKW 피라미드(Kitchin 2014a을 수정).

게 이야기하자면 이렇다.

- 데이터는 세계에 대한 추상화 또는 측정을 통해 생성된다.
- 정보는 처리하고, 구조화하거나, 맥락을 만들어 인간에게 의미가 있게 된 데이터다.
- 지식은 인간이 해석하고, 이해할 수 있으면서, 필요하면 그에 의지해 행동할 수 있는 정보다.
- 지혜는 그에 따라 행동하는 것이 합당한 지식이다.

데이터 과학의 활동도 같은 피라미드 구조로 표현할 수 있는

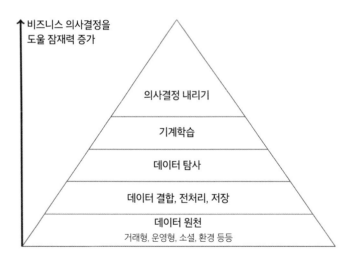

그림 3 데이터 과학 피라미드(Han, Kamber, and Pei 2011을 수정).

데, 각 단계의 넓이는 그 단계에서 처리해야 할 데이터의 양을 의미하고, 층이 높아지면 처리 결과가 의사결정을 내리는 데 있어 보다 더 유용하다는 뜻으로 해석할 수 있다. 그림 3은 데이터 과학 활동을 데이터 수집, 전처리와 결합을 통한 데이터 생성, 데이터의 이해와 탐색, 패턴 발견과 기계학습을 이용한 모델 창출, 데이터 주도 모델을 비즈니스 현실에 적용하여 의사결정을 돕는 것 등의 단계로 묘사하고 있다.

CRISP-DM 프로세스

많은 사람들과 회사들이 데이터 과학 피라미드를 타고 올라가기 위한 최선의 프로세스란 이런 것이라고 주기적으로 내놓곤 한다. 이 가운데 가장 많이 쓰이는 프로세스가 '데이터 마이닝을 위한 범 산업 기준 프로세스Cross Industry Standard Process for Data Mining, CRISP-DM'이다.

실제 크리스프-디엠CRISP-DM은 여러 해 동안 다양한 산업계의 설문 조사에서 줄곧 1위를 지켜온 모델이기도 하다. 이 모델이 가장 널리 쓰이고 있는 이유이자 가장 큰 장점은 어떤 데이터 분석 소프트웨어나 서비스 판매자, 데이터 분석 기술을 쓰든 상관없이 적용하기 좋게 설계됐다는 점이다.

크리스프-디엠은 업계 선도적인 데이터 과학 서비스 판매자, 사용자, 컨설팅 기업, 연구자 등으로 구성된 컨소시엄에서 처음 개발했다. 원래 크리스프-디엠 모델은 유럽연합 집행위원회의 에스프리ESPRIT 프로그램(유럽연합이 업계에 기술 이전을 하기 위해 시작한 일련의 정보기술 연구, 개발 프로젝트 - 옮긴이)의 하부 과제로 개발된 것이다. 처음 등장한 것은 1999년 워크숍에서다. 이후 공정을 업데이트하기 위한 다양한 시도가 이뤄졌지만, 여전히 오리지널 버전이 가장 널리 쓰인다. 여러 해 동안 크리스프-디엠을 위한 전용 누리집이 있었지만 최근 이 사이트는 닫혔으며, 검색하면 보통 프로세스의 첫 개발자 가운데 하나인 아이비엠의 에스피에스에스SPSS 웹사이트로 연결되곤 한다. 최초 컨소시엄은 세세하지만 차근차근 읽을 가치가 있는 프로세스에 대한 가이드 보고서(76페이지짜리)를 누구나 볼 수 있게 온라인에 공개한 바 있다(Chapman et al. 1999). 하지만 프로세스의 구조와 주요 업무 흐름은 몇 페이지로도 충분히 요약할 수 있다.

크리스프-디엠의 라이프 사이클은 그림 4에 나타나듯 6개 단계로 구성되는데, 비즈니스 이해, 데이터 이해, 데이터 준비, 모델링, 평가, 적용 등이다. 데이터는 모든 데이터 과학 활동의 중심에 있기 때문에 다이어그램의 가운데에 있다. 화살표는 단계 사이에 전형적인 업무 과정을 표시한다. 프로세스는 반구조화되어 있는데, 이는 데이터 과학자가 늘 선형적으로 순서를 따라

가지는 않는다는 뜻이다. 특정 단계에서 결과에 따라 뒤로 돌아
가거나 현재 단계를 다시 수행하거나, 또는 다음 단계로 진행할
수도 있다.

첫 두 단계인 비즈니스 이해와 데이터 이해에서, 데이터 과학
자는 비즈니스의 필요와 회사가 가지고 있는 데이터가 무엇인
지 파악하는 것을 통해서 프로젝트의 목표가 무엇인지 정의내

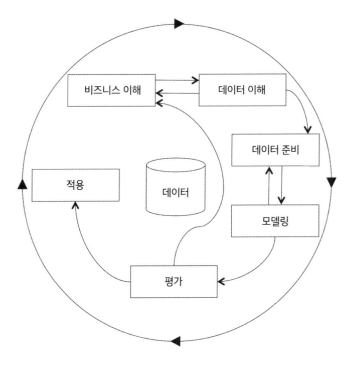

그림 4 크리스프-디엠CRISP-DM 라이프 사이클(Chapman, Clinton, Kerber, et al. 1999의 그
림 2를 바탕으로 함).

리고자 한다. 데이터 과학자는 보통 프로젝트 초반에 비즈니스 이해와 가능한 데이터를 탐색하는 것을 여러 번 반복한다. 이런 반복을 통해, 사업의 당면 문제가 무엇인지, 어떤 데이터를 써야 그에 기반한 솔루션을 제안할 수 있는지 등을 파악할 수 있다. 만약 필요한 해당 데이터를 쓸 수 있으면 프로젝트는 그 공정을 수행하고, 아니면 풀 수 있는 대안적인 다른 문제를 찾아야만 한다. 데이터 과학자는 이 단계에서 그들의 문제가 무엇인지 이해하기 위해 비즈니스 핵심 부서(세일즈, 마케팅, 경영 등의 부서) 사람들과, 그리고 쓸 수 있는 데이터가 무엇인지 파악하기 위해 데이터베이스 관리팀 사람들과 많은 시간을 보내게 된다.

일단 데이터 과학자가 비즈니스의 문제와 쓸 수 있는 데이터를 분명하게 이해했다면 다음 단계로 이행한다. 데이터 준비 단계의 초점은 데이터 분석을 위해 필요한 데이터 세트를 만드는 데 있다. 보통 이런 데이터 세트를 만드는 방법은 여러 데이터 원천에서 데이터를 합치는 것이다. 한 조직이 데이터 창고를 가지고 있으면 데이터 통합 작업은 상대적으로 단순하다. 데이터 세트가 만들어지면 데이터의 질을 확인하고 문제가 있으면 고친다. 데이터 품질의 전형적인 문제는 극단값이나 잃어버린 값 등이다. 데이터의 질을 확인하는 작업은 매우 중요한데, 데이터의 오류는 데이터 분석 알고리즘의 분석 결과에 심각한 해를 가져올 수 있기 때문이다.

크리스프-디엠의 다음 단계는 모델링이다. 이 단계에선 자동화된 알고리즘이 데이터로부터 유용한 패턴을 추출하고 그 패턴을 코드화한 모델을 만든다. 기계학습은 이런 알고리즘을 설계하는 데 초점을 맞추는 컴퓨터 과학의 한 분야이다. 모델링 단계에서 데이터 과학자는 보통 데이터 세트로부터 여러 다른 모델을 만들기 위해 다양한 기계학습 알고리즘을 쓴다. 하나의 모델이란 데이터 세트에 한 기계학습 알고리즘을 적용해 훈련시키고 도출된 유용한 패턴을 코드화함으로써 만들어지는 것이다. 어떤 기계학습 알고리즘은 템플릿(기본 모형 또는 견본) 모델의 매개변수들이 훈련 중인 데이터 세트에서도 잘 작동하도록, 템플릿을 맞추는fitting 방식으로 이를 수행한다(선형회귀 모형이나 신경망 모델의 경우가 그렇다). 또는 아예 개별적인 방식으로 새 모델을 구축하는 경우도 있다(의사결정 나무 모델에서 뿌리 노드로부터 시작해 한 번에 하나씩 노드를 만들어나가는 경우가 여기 해당한다). 데이터 과학 프로젝트에서 기계학습 알고리즘에 의해 만들어진 이 모델들은 궁극적으로 조직이 이런 데이터 프로젝트를 하게 만든 문제를 해결하기 위해 새로 도입하는 소프트웨어로 쓰이는 경우가 많다. 각 모델은 서로 다른 기계학습 알고리즘으로 훈련되며, 각 알고리즘은 데이터에서 서로 다른 패턴을 찾는다. 이 단계에서 데이터 과학자는 보통 어떤 패턴이 최선의 패턴인지 모른다. 이 때문에 어떤 알고리즘이 데이터 세트에 대한 가장 정확한 모델을 내놓는지 서로 다른 알고리즘들로 실험하게 되는 것이다. 우리는 4장에서 기계학습 알고리즘과 모델들에 대한 보다 자세한 내용, 모델의 정확도를 측정하는 검사 계획을 세우는 방법 등에 대해 설명할 것이다.

데이터 과학 프로젝트에서 첫 모델의 실험 결과는 데이터가 안고 있는 문제점도 드러내는 경우가 많다. 이런 데이터 오류는 모델의 성능이 기대보다 낮거나 또는 모델의 성능이 의심스러울 정도로 좋을 때 데이터 과학자가 왜 그런지 조사하는 중에 나타난다. 또는 모델의 구조를 살펴보다가 모델이 기대하지 않았던 속성에 의존적인 것을 발견하고, 이 속성이 제대로 코드화됐는지 다시 점검하며 데이터를 확인하게 되기도 한다. 이는 곧 모델링과 데이터 준비를 몇 번씩 오가면서 반복하는 경우가 흔하다는 뜻이다. 예를 들어 댄 스타인버그Dan Steinberg의 팀은 한 데이터 과학 프로젝트 중에 데이터 세트를 6주 동안 10번이나 다시 구축하고, 이 와중에 다섯째 주에는 데이터 정리와 준비를 수없이 반복한 끝에 데이터의 중대한 오류를 발견한 적도 있다고 한다(Steinberg 2013). 이렇게 오류를 발견하고 고치지 않았다면, 그 프로젝트는 실패했을 것이다.

크리스프-디엠 공정의 마지막 두 단계, 평가와 적용은 모델이 사업과 그 프로세스에 어떻게 적용되는지에 대한 단계다. 모델링 단계에서 테스트는 오직 데이터 세트에 대한 모델의 정확도에만 초점을 맞춘다. 그런데 평가 단계에선 비즈니스 필요에 따른 보다 넓은 관점에서 모델을 평가하게 된다. 이 모델은 비즈니스 공정의 목적에 맞는가? 이 모델이 부적절할 수 있는 어떤 사업적인 이유가 있는가? 이 단계는 데이터 과학자가 프로젝트에 대한 전반적인 품질을 확인 및 점검하기도 적절한 시점이다. 뭔가 빠뜨린 것은 없는가? 더 잘 할 수 있었던 것은 없었나? 모델에 대한 종합적인 평가를 통해 이 시점에 내려야 할 핵심 결정사항은 개발한 모델 가운데 어떤 것을 사업에 적용할 것인지, 또는 더 적절한 모델을 만들기 위해 다른 크리스프-디엠 공정을 해야 할 필요는 없는지 등이다. 평가 과정에서 하나 또는 그 이상의 모델이 인정을 받으면, 공정은 마지막 단계, 적용으로 넘어간다. 적용은 선택한 모델을 어떻게 사업 환경에 적용할 것인가에 대한 단계다. 이 단계에는 모델을 조직의 기술적 기반시설과 사업 공정에 결합시키는 계획 과정이 포함된다. 최고의 모델은 조직의 현재 일의 방식과 부드럽게 결합되는 모델이다. 어떤 모델이 이렇게 현행 업무 방식에 맞는 모델이 되려면 그 모델이 해결을 도울 수 있는 뚜렷하게 정의된 어떤 문제를 안고 있는 적용 대상자들이 분명해야 한다. 적용 단계의 또 다른 과제는 모델의 성능을 어떻게 정기적으로 확인할지 계획을 수립하는 일이다.

크리스프-디엠 다이어그램(그림 4)의 바깥쪽 원은 전체 공정이 어떻게 반복되는지 보여준다. 데이터 과학 프로젝트의 반복적인 성질은 아마도 데이터 과학 프로젝트를 논할 때 가장 간과되는 부분일 것이다. 프로젝트에서 모델을 개발하고 적용하고 나면, 모델이 비즈니스의 목적에 부합하는지, 쓸모없게 되진 않았는지 주기적으로 확인하는 과정이 반드시 뒤따라야 한다. 데이터로 도출된 모델이 쓸모없게 되는 이유는 여러 가지가 있다. 사업의 요구가 달라졌거나, 모델이 모방을 해서 통찰을 제공하고 있는 대상 과정이 변했거나(소비자의 행동이 바뀌거나, 스팸메일의 양태가 바뀐 경우 등), 모델이 사용하고 있는 공급 데이터가 변하는(모델에 정보를 제공하고 있는 센서가 업데이트되어 새 센서가 약간 다른 값을 주면서 모델의 정확도가 떨어지는 등) 경우들이다. 이런 검토를 얼마나 자주 해야 하는지는 비즈니스의 환경이나 모델이 쓰고 있는 데이터가 얼마나 빠르게 바뀌는지에 달려 있다. 프로젝트 공정을 다시 밟을 최적기를 파악하기 위해선 지속적인 모니터링이 필요하다. 이것이 그림 4의 크리스프-디엠 공정 바깥쪽 원이 표현하는 바다. 예를 들어 데이터, 비즈니스 문제, 적용 영역(도메인) 등에 따라 이 공정을 연, 분기, 월, 주, 심지어 매일 단위로 다시 밟아야 할 수도 있다. 그림 5는 데이터 과학 프로젝트의 각 단계에 대한 요약과 함께 각 시기에 해야 할 중요한 과제들을 제시하고 있다.

많은 미숙한 데이터 과학자가 종종 저지르는 실수는 크리스

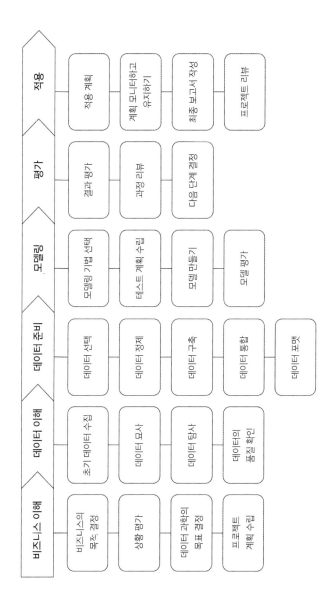

그림 5 크리스프-디엠 CRISP-DM 단계와 업무 (Chapman, Clinton, Kerer, et al. 1999의 그림 3에 기초하였음).

비즈니스 이해	데이터 이해	데이터 준비	모델링	평가	적용
비즈니스의 목적 결정	초기 데이터 수집	데이터 선택	모델링 기법 선택	결과 평가	적용 계획
상황 평가	데이터 묘사	데이터 정제	테스트 계획 수립	과정 리뷰	계획 모니터링하고 유지하기
데이터 과학의 목표 결정	데이터 탐사	데이터 구축	모델 만들기	다음 단계 결정	최종 보고서 작성
프로젝트 계획 수립	데이터의 품질 확인	데이터 통합	모델 평가		프로젝트 리뷰
		데이터 포맷			

프-디엠에서 모델링 단계에만 관심을 둔 나머지 다른 과정을 서둘러 대충 끝내는 것이다. 이런 데이터 과학자들은 프로젝트에서 정말 중요한 결과물은 모델이라고 생각해서 시간의 대부분을 모델을 만들고 다듬는 데 보낸다. 하지만 노련한 데이터 과학자는 프로젝트에 명확하게 정의된 목표가 있는지, 맞는 데이터를 가지고 있는지 등을 확인하는 데 더 많은 시간을 보낸다. 프로젝트가 해결하고자 하는 비즈니스의 문제에 대해 데이터 과학자가 명료하게 이해하고 있어야 성공할 수 있기 때문이다. 즉 비즈니스에 대한 이해 단계는 전체 과정에서 정말 중요하다. 맞는 데이터의 확보와 관련해 2016년 데이터 과학자에게 물은 설문조사를 보면 전체 응답자 평균 작업 시간의 79퍼센트가 데이터 준비에 들어가는 것으로 나타났다. 응답 전체 결과를 보면 작업 시간의 19퍼센트는 데이터 세트 수집에, 60퍼센트는 데이터의 정제와 정리에, 3퍼센트는 훈련용 세트를 만드는 데, 9퍼센트는 패턴을 찾기 위한 분석에, 4퍼센트는 알고리즘 개선에, 5퍼센트는 그 밖의 업무에 소요된 것으로 나타났다 (Crowd-Flower 2016). 79퍼센트라는 수치는 데이터를 수집하고, 다듬고, 정돈하는 데 드는 시간을 모두 합친 것이다.

데이터를 모으고 준비하는 데에 프로젝트 전체 작업 시간의 약 80퍼센트가 소요된다는 것은 몇 년 동안 다양한 업계에서 수행된 여러 설문조사에서 지속적으로 비슷하게 나온 결과다. 사람들은 이런 결과에 놀라곤 하는데, 그 이유는 많은 이들이 데이터 과학자는 복잡한 모델을 만들어서 데이터로부터 통찰을 뽑아내는 데 대부분 시간을 보낼 거라고 생각하기 때문이다. 하지만 아무리 데이터 분석 기술이 좋아도 맞는 데이터에 적용하지 못하면 유용한 패턴을 발견할 수 없다는 것이 데이터 과학의 단순한 진리다.

3
데이터 과학 생태계

데이터 과학을 위해 사용하는 기술의 종류는 조직마다 서로 다르다. 조직이 크거나, 처리할 데이터의 양이 많거나, 또는 둘 다인 경우, 데이터 과학 활동을 지원하는 기술 생태계의 복잡성도 더 높아지게 된다. 대부분의 경우 이 생태계에는 여러 소프트웨어 공급사의 분석 도구와 부분품들, 여러 다른 형식의 분석용 데이터 등이 포함된다. 조직이 스스로 데이터 과학 생태계를 개발할 경우 선택할 수 있는 접근법의 스펙트럼이 넓어진다. 스펙트럼의 한쪽 끝에는 상업용 통합 도구 세트를 구매하는 방법이 있다. 다른 쪽 끝에는 오픈소스 도구와 컴퓨터 언어를 이용해서 맞춤 생태계를 직접 구축하는 방법이 있다. 이 양 끝 사이에서 상업용 제품과 오픈소스 제품을 혼합해 구성한 솔루션을 제공하는 소프트웨어 업체들이 있다. 이런 도구의 조합은 조직마다 각각 독특하지만, 데이터 과학 체계(아키텍처)를 구성하는 부분 요소들의 관점에서 보면 나름의 공통점을 발견할 수 있다.

그림 6은 전형적인 데이터 아키텍처를 상위 관점에서 본 개관이다. 이 아키텍처는 빅데이터뿐 아니라 모든 크기의 데이터를 다루기 위해 구축된 사례이다. 이 그림은 조직의 모든 데이터가 발생하는 데이터 원천data sources, 데이터가 저장되고 처리되는 데이터 저장소data storage, 이 데이터가 데이터의 사용자와 공유되는 애플리케이션application 등 크게 3개 영역으로 구분된다.

모든 조직에는 고객 데이터, 거래 데이터, 그리고 조직을 운영하면서 발생하는 일들에 대한 운영 데이터와 같이 데이터가 생성되는 곳과 이를 수집하는 어떤 프로그램이 있다. 이렇게 데이터의 원천이 되는 곳 또는 프로그램으로는 고객 관리, 주문, 제조, 배송, 송장, 은행업무, 재무, 고객 관계 관리(CRM), 콜센터, 전사적자원관리(ERP) 프로그램 등이 있다. 이런 형태의 프로그램들을 보통 온라인 트랜잭션 처리online transaction processing, OLTP 시스템이라고 부른다. 여러 데이터 과학 프로젝트에서 이런 프로그램들의 데이터는 기계학습 알고리즘을 위한 초기 입력 데이터 세트로 쓰인다. 시간이 흐르면서 여러 프로그램에서 수집되는 데이터의 양은 점점 많아지고, 조직도 확장하기 시작하여 전에는 무시하거나, 수집하지 않거나, 수집이 불가능했던 데이터들까지 점차 모이게 된다.

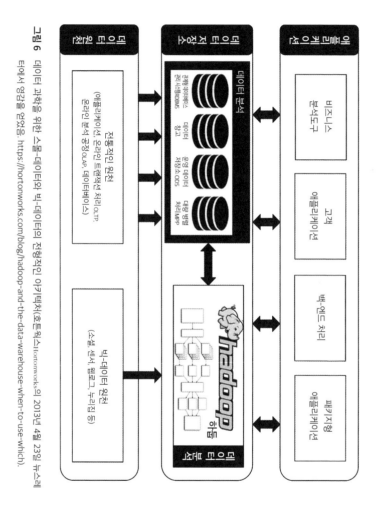

그림 6 데이터 과학을 위한 소틀-데이터와 빅-데이터의 전형적인 아키텍처(호튼웍스Hortonworks의 2013년 4월 23일 뉴스레
터에서 영감을 얻었음. https://hortonworks.com/blog/hadoop-and-the-data-warehouse-when-to-use-which).

애플리케이션

비즈니스
분석도구

고객
애플리케이션

백-엔드 처리

패키지형
애플리케이션

데이터 저장소

데이터 분석

관계형 데이터베이스
관리시스템RDBMS

데이터
창고

운영 데이터
저장소-ODS

대량 병렬
처리-MPP

데이터 탐사

hadoop 하둡

데이터 원천

전통적인 원천
(애플리케이션, 온라인 트랜잭션 처리OLTP,
온라인 분석 공정OLAP, 데이터베이스)

빅-데이터 원천
(소셜 센서, 발로그, 누리집 등)

78

이 새로운 데이터들을 보통 '빅데이터 원천'이라고 부르곤 하는데, 이들의 크기가 기존에 조직이 모으던 주 운영 프로그램의 데이터보다 훨씬 크기 때문이다. 빅데이터 원천의 예로는 연결망 트래픽, 여러 프로그램에 대한 로그인 데이터, 센서 데이터, 웹로그 데이터, 소셜미디어 데이터, 누리집 데이터 등이 있다. 전통적인 데이터 원천의 경우, 데이터는 보통 서로 비슷한 데이터베이스 형식으로 저장된다. 하지만 새로운 빅데이터 원천의 경우, 이들과 연결되어 있는 프로그램이 대개(예컨대 스트리밍 데이터 같이) 데이터의 장기 보관을 중요하게 고려해 설계되지 않았기 때문에, 데이터의 저장 형식과 구조는 프로그램에 따라 각각 다른 편이다.

데이터 원천의 숫자가 늘어나면, 이 데이터를 분석하고 그 결과를 커진 조직의 전반에 공유하는 것은 더 힘들어진다. 그림 6에서 데이터 저장 층이 보통 이런 조직 전반에 걸친 데이터의 공유와 분석 역할을 담당한다. 이 층은 두 부분으로 나뉜다. 첫 번째는 대부분 조직에서 쓰이는 전형적인 데이터 공유 소프트웨어에 대한 부분이다. 가장 많이 쓰이는 전통적인 데이터 통합 저장 소프트웨어는 관계형 데이터베이스 관리 시스템(RDBMS)이다. 이 전통 시스템은 기업 내 비즈니스 인텔리전스(BI) 솔루션의 중추와 같은 역할을 해왔다. 비즈니스 인텔리전스 솔루션이란 사용자 친화적인 의사결정 지원 시스템으로, 데이터 집계, 통합,

보고와 분석 기능 등을 제공한다. 비즈니스 인텔리전스 구조는 그 완성도에 따라 운영 프로그램의 단순한 복사본 형태에서부터 운영 데이터 저장소operational data store, ODS나 대량 병렬 처리 massively parallel processing, MPP 비즈니스 인텔리전스 데이터베이스 솔루션, 데이터 창고 등으로 다양하다.

데이터 창고는 의사결정을 지원하기 위한 목적으로 만들어진 데이터 집적, 분석 공정이라고 이해하면 가장 좋다. 이런 공정의 초점은 중앙 집중형의 데이터 저장소를 얼마나 잘 설계하느냐에 맞춰지기 때문에 데이터 창고는 가끔 이런 저장소를 일컫는 말로 쓰이기도 한다. 이런 의미에서 데이터 창고는 데이터 과학의 강력한 자원이 된다. 데이터 창고의 가장 유용한 점은 프로젝트의 시간을 크게 단축해준다는 점이다. 어떤 데이터 과학 공정에서도 핵심 재료는 데이터이기 때문에 데이터 과학 프로젝트에 들어가는 시간과 노력의 대부분은 분석 전에 데이터를 찾고, 집적하고, 정제하는 과정에 들어간다. 어떤 기업이 데이터 창고를 가지고 있으면 각각의 데이터 과학 프로젝트마다 필요한 데이터를 준비하는 과정에 들어가는 노력과 시간이 크게 단축된다. 하지만 중앙집중형 데이터 저장소 없이도 데이터 과학 프로젝트는 가능하다. 중앙집중형 데이터 저장소의 구축은 단순히 운영 중인 여러 데이터베이스를 하나의 데이터베이스에 몰아넣는 것을 뜻하는 게 아니다.

여러 데이터베이스의 데이터를 합치려면 각 원천 사이의 불일치를 해결하기 위한 복잡한 수작업이 많이 들어간다. 추출, 변환, 적재extraction-transformation-load, ETL는 데이터베이스 사이에 데이터를 매핑하고 합치고 옮길 때 쓰이는 전형적인 공정과 도구를 뜻하는 말이다. 데이터 창고에서 이뤄지는 작업은 보통 표준적인 관계형 데이터베이스에서 수행되는 흔한 작업과 다르다. 이런 작업을 온라인 분석 공정online analytical processing, OLAP 이라고 부른다. 온라인 분석 공정은 보통 시간의 순서가 있는 데이터나, 여러 출처에서 집적된 데이터에 대한 요약을 만드는 데 초점을 맞춘다. 예를 들어, 온라인 분석 공정에 대한 요구는 보통 이런 식이다. '각 지역 모든 상점의 분기별 매출을 지난해와 비교했을 때 차이는 무엇인가?' 온라인 분석 공정에 요구되는 과제의 결과물은 전형적인 사업 리포트와 비슷하다. 온라인 분석 공정은 핵심적으로 이용자가 창고에 있는 데이터를 나누고 쪼개고 이리저리 굴려서 데이터에 대한 새로운 관점을 얻을 수 있도록 하는 과정이다. 온라인 분석 공정은 데이터 창고 위에 구축된 데이터 큐브data cube라는 표현형식 상에서 작업을 수행한다. 데이터 큐브는 데이터의 특정한 성격을 반영하는 고정되고 사전에 정의된 여러 차원의 표현 형식을 말한다. 위에서 예를 든 요구의 분석을 위해 필요한 데이터 큐브의 차원은 각 상점별 매출, 지역별 매출, 분기별 매출 등이 될 것이다. 고정된

차원의 데이터 큐브를 이용하는 가장 큰 장점은 온라인 분석 공정을 빠르게 할 수 있다는 점이다. 또, 데이터 큐브의 차원들은 온라인 분석 공정 시스템에 사전 프로그래밍되어 있기 때문에 온라인 분석 공정 요청에 대한 사용자 친화적인 그래픽 유저 인터페이스(GUI)를 만드는 데도 용이하다. 하지만, 데이터 큐브 형식은 가능한 분석 대상을 이미 정해진 차원들에 대한 질의로 한정하는 한계도 가지고 있다. 이에 비해, SQL은 더 유연한 질의가 가능하다. 또 온라인 분석 공정 시스템은 데이터 탐색과 보고에 유용하긴 해도 데이터 모델링이나 자동화된 패턴 추출 등은 할 수 없다는 한계도 있다. 일단 조직 전반의 데이터가 비즈니스 인텔리전스 시스템으로 수집되어 분석되고 나면, 이 분석 결과는 그림 6의 애플리케이션 층에서 다양한 이용자들을 위한 입력값으로 쓸 수 있다.

데이터 저장 층의 두 번째 부분은 조직의 빅데이터 원천에서 생산된 데이터를 관리하는 영역이다. 여기 사례에선 빅데이터의 저장과 분석에 하둡 플랫폼이 쓰이고 있다. 하둡은 아파치 소프트웨어 재단Apache Software Foundation이 빅데이터를 처리하기 위한 목적으로 개발한 오픈소스 프레임워크다. 하둡은 서버 전용 컴퓨터 여러 대를 묶어 구성한 클러스터 전반을 활용하는 분산 저장과 연산 기술을 사용한다. 하둡은 맵리듀스MapReduce 프로그래밍 모델을 이용해 큰 데이터 세트에 대한 질의를 빠르게 처리할 수 있다. 맵리듀스는 분할–적용–병합split-apply-com-bine이라는 전략을 구사해서 이를 수행한다. a)큰 데이터 세트를 여러 덩어리로 나누고 각 덩어리를 클러스터의 서로 다른 노드들에 저장한다. b)질의를 각 덩어리에 병렬로 동시에 적용한다. c)각 덩어리에서 생성된 결과를 결합해서 질의에 대한 결과를 계산한다. 하지만 지난 몇 년 동안 하둡 플랫폼은 이런 용도보다는 기업의 데이터 창고 확장 용도로 활발히 쓰여왔다. 데이터 창고는 원래 3년 치 데이터를 저장하곤 했는데, 지금은 10년치 이상의 데이터를 저장할 수 있으며 그 용량은 계속 커지고있다. 데이터 창고의 데이터 양이 늘어나면 데이터베이스와 서버가 이를 저장하고 처리하는 데 필요한 요구조건도 더 많아진다. 이런 늘어난 조건은 비용을 크게 증가시킨다. 이럴 때 창고의 오래된 데이터 일부를 하둡 클러스터로 옮기는 것이 대안이될 수 있다. 예를 들어, 데이터 창고에는 빠른 분석과 보고를 위해 자주 쓰이는 3년 치의 데이터만 저장하고 나머지 덜 찾는 오래된 데이터는 하둡에 저장하는 식이다. 기업이 쓰는 수준의 데이터베이스 대부분은 데이터 창고를 하둡과 연결해서 둘이 마치 하나의 환경에 있는 것처럼 데이터 과학자가 구조화된 질의어(SQL)를 이용해 양쪽에 함께 물을 수 있는 기능을 갖추고 있다. 이런 질의는 데이터 창고 데이터베이스에 있는 데이터 일부, 하둡에 있는 데이터 일부에 접근해야 하는 것일 수도 있다.

이 경우 처리는 자동적으로 두 부분으로 나뉘며 각각 독립적으로 실행된 뒤에 결과도 자동적으로 합쳐져서 데이터 과학자에게는 통합된 값이 제시된다.

데이터 분석은 그림 6에서 데이터 저장 층의 양쪽 부분 모두와 연관이 있다. 데이터 분석은 데이터 저장 층 각 부분에서 할수 있고, 각 부분은 다음 데이터 분석이 진행되는 동안에 그 결과를 서로 공유할 수 있다. 전통적인 데이터 원천의 데이터는 빅데이터 원천에서 생성되는 데이터에 비해 상대적으로 깔끔하고 정보의 밀도도 높은 편이다. 하지만 빅데이터 원천에서 생성되는 데이터는 큰 양과 실시간으로 들어온다는 특성 덕분에 전통적 데이터를 통해 얻을 수 없는 새로운 통찰을 준다는 장점이 있다. 서로 다른 연구 영역(자연어 처리, 컴퓨터 시각, 기계학습 등)에서 개발된 다양한 데이터 분석 기술들은 비정형에 밀도가 낮고, 가치가 적은 빅데이터를 고밀도, 높은 가치의 데이터로 변환하는 데 쓰일 수 있다. 그리고 이 높은 가치의 데이터는 전통적인 원천의 다른 높은 가치의 데이터와 결합했을 때 더 다양한 분석이 가능하다. 이 장의 내용과 그림 6으로 나타낸 구조는 데이터 과학 생태계의 전형적인 아키텍처다. 이는 크건 작건 대부분 조직에 적용 가능하다. 하지만 데이터 과학 생태계의 복잡도는 그 조직의 규모에 따라 달라진다. 예를 들어, 작은 규모의 조직에 하둡과 같은 부분은 없어도 되지만, 아주 큰 조직에는 하둡이 매우 중요해진다.

알고리즘을 데이터로 옮기기

데이터 분석의 전통적인 접근법은 여러 데이터베이스에서 데이터를 추출하고, 이를 합치고, 정제하고, 부분집합을 내고, 예측 모델을 만드는 방식으로 이뤄진다. 예측 모델은 일단 만들어지고 나면 다른 데이터에도 적용할 수 있다. 1장에서 예측 모델이란 전에 없던 어떤 속성의 값에 대한 예측이라고 했던 것을 떠올려보자. 스팸메일 필터는 어떤 전자우편에 대해 '스팸인지 아닌지'란 분류 속성을 예측하는 모델이다. 예측 모델을 새 데이터의 인스턴스에 적용해서 없던 값을 생성하는 것을 '데이터에 점수 매기기'라고 한다. 새 데이터들에 점수를 매기고 나면 최종 결과는 데이터베이스에 다시 적재되어 어떤 작업 흐름이나, 보고용 대시보드, 기업의 다른 부문 평가용 등으로 쓰일 수 있다. 그림 7은 이런 데이터 준비와 분석 과정이 데이터베이스나 데이터 창고와 다른 서버에서 이뤄진다는 것을 보여주고 있다. 이 때문에 데이터를 데이터베이스로부터 빼내고 분석한 결과를 다시 데이터베이스로 옮기는 데에만 해도 많은 시간이 소요된다.

더블린공과대학교Dublin Institute of Technology에서 이런 과정

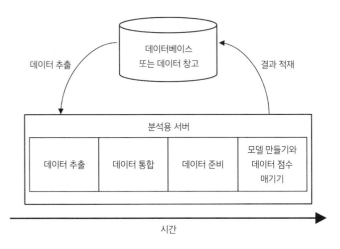

그림 7 예측 모델을 만들고 데이터에 점수를 매기는 전통적인 절차.

에 각각 얼마나 많은 시간이 드는지 선형회귀 모델 실험을 진행했다. 이 실험에서 약 70에서 80퍼센트 정도의 시간이 데이터를 추출하고 준비하는 데에 소요됐으며 모델을 구축하는 데에는 나머지 시간이 들었을 뿐이었다. 데이터에 점수를 매기는 과정의 경우 90퍼센트 가량의 시간이 데이터베이스에서 데이터를 추출하는 과정과 점수가 매겨진 데이터를 다시 데이터베이스에 옮기는 데 들어갔다. 실제 점수 매기는 과정에 들어간 시간은 10퍼센트뿐이었다. 이런 결과는 5만 개에서 150만 개까지 다양한 크기의 여러 데이터 세트들이 모두 비슷하게 나타났다. 대부분의 기업용 데이터베이스 판매자들은 데이터를 옮기는 데

시간을 쓸 필요가 없다면 전체 시간을 절약할 수 있다는 점을 간파하고, 데이터 분석 기능과 기계학습 알고리즘을 데이터베이스 엔진에 심는 방법으로 이 문제를 해결하고자 했다. 다음 절들에선 기계학습 알고리즘이 현대 데이터베이스와 어떻게 결합됐는지, 하둡의 빅데이터 세상에서 데이터 저장소가 어떻게 작동하는지, 그리고 이 두 가지 접근법을 결합해 어떻게 모든 데이터에 대한 접근, 분석, 기계학습과 예측분석 등을 SQL이라는 평범한 언어를 이용해 실시간으로 작업할 수 있게 되었는지 살펴볼 것이다.

전통적 데이터베이스와 현대의 전통적 데이터베이스

데이터베이스 판매자들은 데이터베이스의 확장성, 성능, 보안, 기능 등을 향상시키고자 끊임없이 투자한다. 현대 데이터베이스는 전통적인 관계형 데이터베이스에 비해 훨씬 발전했다. 이들은 서로 다른 다양한 포맷으로 데이터를 저장하고 데이터에 질의할 수 있다. 전통적인 관계형 포맷을 지원할 뿐 아니라 객체를 정의하고, 문서를 저장하고, 제이슨JSON 객체나 공간 데이터를 저장·질의하는 등등의 기능을 갖췄다. 대부분의 현대 데이터베이스는 수많은 통계 함수를 내장하고 있으며, 일부는 통계학 프로그램이 갖춘 것과 비슷한 수의 함수를 보유하고 있기도 하다. 예를 들어, 오라클 데이터베이스Oracle Database는 300개 이상의 통계 함수와 구조화된 질의 언어(SQL)를 내장하고 있다. 이 통계 함수는 데이터 과학 프로젝트에서 필요한 대부분의 통계 분석 기능들을 담당할 수 있으며, 전부는 아닐지라도 R(데이터 분석과 시각화에 특히 강점이 있는 프로그래밍 언어 - 옮긴이)과 같은 다른 통계용 도구나 언어에서 다루는 함수를 대부분 포함한다. 데이터베이스 내에서 통계 기능들을 사용할 수 있으면 조직은 SQL을 이용해서 보다 효율적이고 확장 가능하게 데이터 분석을 할 수 있다. 나아가 대부분의 선도적인 데이터베이스 판매업체들(오라클, 마이크로소프트, IBM, 엔터프라이즈DB 등)은 여러 기계학습 알고리즘을 그들의 데이터베이스에 결합시키고 이들 알고리즘을 SQL로 실행시킬 수 있게 했다. 데이터베이스 엔진에 탑재되고 SQL로 실행 가능한 이런 알고리즘들을 데이터베이스 내장 기계학습in-database machine learning이라고 한다. 데이터베이스 내장 기계학습은 더 빠른 모델 개발과 적용 그리고 애플리케이션과 분석 대시보드의 개발로 이어진다. 데이터베이스 내장 기계학습에 깔려 있는 아이디어는 다음과 같은 지침에 잘 함축되어 있다. "데이터를 알고리즘으로 옮기는 대신 알고리즘을 데이터로 옮겨라."

데이터베이스 내장 기계학습을 썼을 때 주요 장점은 다음과 같다.

- **데이터 이동이 없다.** 어떤 데이터 과학 프로젝트는 결과물을 내기 위해서 데이터베이스로부터 데이터를 추출해서 기계학습 알고리즘에 투입하기 위한 특정 형식으로 바꿔주어야 한다. 하지만 데이터베이스 내장 기계학습이 있으면, 데이터를 옮기거나 변환해줄 필요가 없다. 이는 전체 공정을 덜 복잡하게 하고, 시간을 절약하며, 오류의 위험을 줄인다.

- **속도가 빨라진다.** 데이터를 이동할 필요 없이 분석 작업이 데이터베이스 안에서 이뤄지면 데이터베이스 서버의 연산 역량을 투입해 전통적인 방식에 비해 100배 가까이 빠른 속도를 내는 성능을 발휘할 수 있다. 대부분의 데이터베이스 서버는 100만개 이상 자료의 데이터 세트도 처리할 수 있는 효율 좋은 메모리와 여러 중앙처리장치(CPUs) 등 높은 사양을 갖추고 있다.

- **보안성이 높다.** 데이터베이스는 데이터에 대한 통제되고 사후 감사가 가능한 접근 방식을 제공하고 있기 때문에 데이터 과학자가 생산성을 높이면서도 보안을 유지할 수 있게 해준다. 데이터베이스 내장 기계학습은 데이터를 추출하고 다른 분석용 서버에 내려받는 과정에 따르기 마련인 물리적인 보안 위험으로부터 자유롭다. 반면 전통적인 공정의 경우 조직의 여러 저장소에 데이터 세트의 (버전도 제각각 다를 가능성이 높은) 여러 복사본을 남기게 된다.

- **확장성.** 데이터베이스에 기계학습 기능이 포함돼 있으면 데이터의 양이 커짐에 따라 분석 능력도 따라서 쉽게 키울 수 있다. 데이터베이스 소프트웨어는 많은 양의 데이터를 효과적으로 다룰 수 있도록 설계되었기 때문에, 서버의 여러 중앙처리장치와 메모리를 이용하면 여러 기계학습 알고리즘을 병렬로 돌릴 수 있다. 데이터베이스는 또한 메모리에 잘 들어가지 않는 큰 데이터 세트를 처리하는 데에도 매우 능숙하다. 데이터 세트를 빠르게 처리하기 위한 데이터베이스 기술이 축적된 지도 벌써 40년이 넘었다.

- **실시간 적용과 환경.** 데이터베이스 내장 기계학습을 통해 개발된 모델은 즉시 적용되어 실시간 환경을 만드는 데 쓰일 수 있다. 즉, 모델이 일상 애플리케이션과 결합되어 최종 사용자나 고객이 직접 실시간으로 모델의 예측 기능을 누릴 수 있는 것이다.

- **제품 적용.** 별도 기계학습 소프트웨어에서 개발된 모델은 보통 기업용 애플리케이션에 적용되기 전에 다른 프로그래밍 언어로 다시 코딩해야 한다. 하지만 내장형 기계학습은 다르다. 데이터베이스의 언어는 구조화된 질의 언어(SQL)이다. 구조적 질의 언어는 어떤 프로그래밍 언어나 데이터과학 도구에서도 호출할 수 있다. 이렇게 데이터베이스 내장형 기계학습 모델은 단순한 작업을 통해 제품 애플리케

이션에 바로 삽입될 수 있는 것이다.

많은 조직이 데이터베이스 내장형 기계학습을 이용하고 있다. 중소기업부터 빅데이터 타입의 대기업까지 범위도 다양하다. 내장형 기계학습 기술을 사용하는 조직의 예를 들면 다음과 같다.

- 파이서브Fiserv는 미국의 금융 서비스 및 사기 탐지와 분석을 제공하는 기업이다. 파이서브는 데이터 저장소와 기계학습을 각각 여러 판매자로부터 구매해 쓰던 방식에서 기계학습 기능이 있는 데이터베이스 하나를 쓰는 식으로 바꿨다. 내장형 기계학습을 씀으로서 사기 탐지 모델을 개발 및 업데이트하고 적용하는 데 걸리는 시간이 일주일에서 단 몇 시간으로 줄었다.
- 84.51°(공식적으로는 던험비Dunnhumby USA)는 소비자 과학에 대한 회사다. 84.51°는 다양한 고객 모델을 만들기 위해 서로 다른 여러 분석용 제품들을 써왔다. 당시에는 데이터를 데이터베이스에서 기계학습용 서버로 옮기고 다시 되돌리는 데 매달 318시간이 들었으며 모델을 만드는 데에도 67시간이 들곤 했다. 그런데 데이터베이스에 내장된 기계학습 알고리즘을 이용하는 방식으로 바꾸자, 데이터를 옮

길 필요가 없어졌다. 즉시 매달 318시간을 절약하게 된 것이다. 또 데이터베이스를 연산용 엔진으로 쓰게 되었기 때문에 분석력도 커져서 기계학습 모델을 생성하고 업데이트하는 데 걸리는 시간도 매달 67시간에서 단 1시간으로 줄어들었다. 이제 훨씬 빠르게 결과물을 얻어내고 이를 서비스 구매 고객에게 제공할 수 있다.

• 워게이밍Wargaming은 월드 오브 탱크World of Tanks를 비롯한 여러 게임을 만든 게임사다. 워게이밍은 1억 2천만 명이 넘는 고객과 어떻게 소통해야 하는지 파악하기 위해 데이터베이스 내장 기계학습을 이용해 모델을 만들고 예측하고 있다.

빅데이터 기반시설

전통적인 (현대) 데이터베이스는 거래 데이터를 처리하는 데 놀라울 정도로 효율적이지만, 빅데이터 시대에는 다른 형태의 데이터를 관리하고 장기간 저장하기 위해 새로운 빅데이터 기반시설이 필요하다. 전통 데이터베이스는 수 페타바이트(1024테라바이트)의 데이터까지 다룰 수 있긴 하지만, 이 정도 규모를 유지하려면 가격이 엄두도 못 낼 만큼 비싸진다. 이런 가격 문제를 보통 수직적 스케일링vertical scaling의 문제라고 부른다. 전통적인 데이터 패러다임에서 어떤 조직이 더 많은 데이터를 합리적인 시간 안에 저장하고 처리하려면 더 큰 데이터베이스 서버가 필요하고, 이는 결국 서버를 구축하고 데이터베이스 라이선스 비용을 지불하는 데 더 많은 돈을 들여야 한다는 뜻이다. 전통 데이터베이스로도 가능한 일이긴 하지만 매일 또는 매주 10억 개 정도 기록을 추가하고 질의해야 한다면, 규모를 갖추기 위해 필요한 하드웨어 구매에만 10만 달러 이상의 자금이 들어갈 것이다.

하둡은 아파치 소프트웨어 재단이 개발하고 배포하는 오픈소스 플랫폼이다. 많은 양의 데이터를 취해서 저장하는 데 효율적인 플랫폼이라는 사실이 지금까지 잘 입증되었으며 전통적인 데이터베이스 방식에 비해 훨씬 저렴하다. 하둡에서 데이터는 잘게 쪼개져 여러 방식으로 분할되는데, 이 데이터의 부분 또는 파티션들은 하둡 클러스터의 노드들에 분산돼 저장된다. 하둡과 함께 작동하는 다양한 분석 도구들은 이런 각 노드(일부 노드의 데이터 경우 메모리에 상주할 수도 있다)에 퍼져 있는 데이터를 처리할 수 있는데, 이럴 경우 분석이 각 노드에서 동시에 병렬로 수행되기 때문에 처리가 빠르다. 데이터 추출 또는 추출, 변환, 적재(ETL) 과정이 필요 없다. 데이터는 저장된 곳에서 분석된다.

하둡이 가장 널리 알려진 빅데이터 처리 프레임워크이긴 하지만, 결코 유일한 것은 아니다. 다른 빅데이터 처리 프레임워크로는 스톰Storm, 스파크Spark, 플링크Flink 등이 있다. 이들도 모두 아파치 소프트웨어 재단의 프로젝트들 가운데 하나다. 하둡과의 차이점은 하둡은 데이터의 일괄 처리batch processing를 주목적으로 설계됐다는 점이다. 일괄 처리는 데이터 세트의 크기가 고정적이고 즉각적인 처리 결과가 필요하지 않은 경우(또는 적어도 특별히 시간에 민감하지 않은 경우)에 적합하다. 반면 스톰 프레임워크는 흐름형 데이터stream data의 처리를 위해 설계됐다. 흐름형stream 처리의 경우, 각 요소가 시스템에 들어오자마자 바로 처리되어야 하며, 이 때문에 처리 작업은 전체 데이터 세트보다는 개별 요소 단위로 정의된다. 예를 들어, 일괄 처리는 전체 데이터 세트 값들의 평균을 내는 데 적합하다면, 스트림 처리는 스트림의 각 요소들의 개별 값을 구하는(예컨대 트위터 스트림이라면 각 트윗에 대한 감정 점수를 계산하는 것과 같은) 과정에 적합하다. 스톰 누리집[1]에 의하면, 스톰은 데이터의 실시간 처리를 위해 설계됐으며 벤치마크를 해본 결과 각 노드에서 초당 1백만 개가 넘는 튜플tuple(컴퓨터 프로그래밍에서 쓰는 집합 형태의 데이터 자료형의 일종-옮긴이)을 처리할 수 있다고 한다. 스파크와 플링크는 모두 (일괄 처리와 흐름형이 결합된) 하이브리드형 처리 프레임워크이다. 스파크는 기본적으로 하둡과 같은 일괄 처리 프레임워크이지만 일부 스트림 처리 기능도 갖춘 반면 플링크는 일괄 처리에도 쓸 수 있는 스트림 처리 프레임워크이다. 이들 빅데이터 처리 프레임워크는 데이터 과학자에게 프로젝트에서 특정한 빅데이터 요구 사항을 충족시켜야 하는 경우 여러 도구들을 제공해주긴 하지만, 전통적인 데이터베이스뿐 아니라 빅데이터 저장소라는 서로 다른 두 장소에서 데이터 분석을 수행해야 한다는 부담을 안기기도 한다. 다음 절에서 이 문제가 어떻게 다루어지는지 살펴보자.

하이브리드 데이터베이스의 세계

하둡을 필요로 하는 크기와 규모의 데이터를 갖고 있지 않은 조직이라면 전통적인 데이터베이스 소프트웨어로도 충분히 데이터를 관리할 수 있다. 하지만 일부 문헌은 하둡 세계에서 쓰이는 데이터 저장과 처리용 도구들이 결국에는 전통 데이터베이스의 소프트웨어들을 대체하리라고 주장하기도 한다. 현재 그런 방향으로 가고 있다고 보긴 어렵지만, 최근에는 '하이브리드 데이터베이스 세계'라는 보다 균형 잡힌 데이터 관리 접근법에 대한 논의가 많이 이뤄지고 있다. 하이브리드 데이터베이스 세계란 전통적인 데이터베이스와 하둡 세계가 공존하는 영역이다.

하이브리드 데이터베이스 세계에서 한 조직의 데이터베이스와 하둡에 저장된 데이터는 서로 연결되어 협업하면서 데이터의 효과적인 처리, 공유, 분석이 가능하다. 그림 8은 전통적인 데이터 창고를 나타내는 그림이지만, 모든 데이터가 데이터베

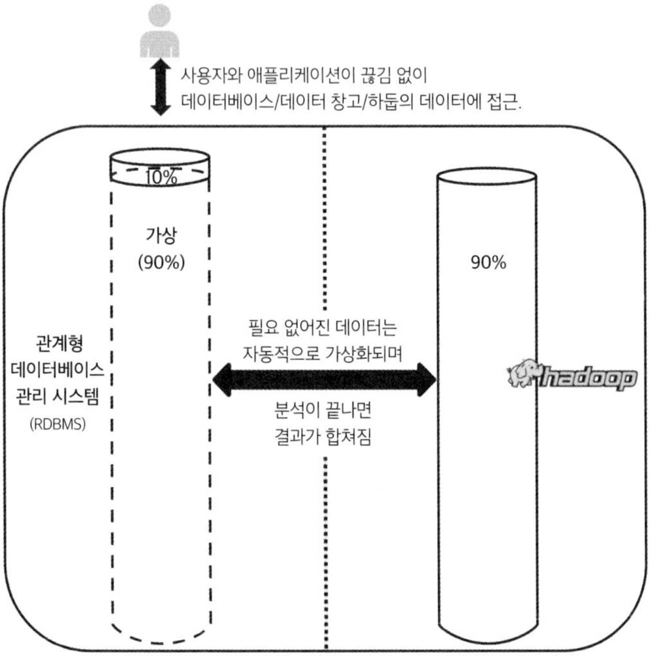

사용자와 애플리케이션이 끊김 없이
데이터베이스/데이터 창고/하둡의 데이터에 접근.

10%

가상
(90%)

관계형
데이터베이스
관리 시스템
(RDBMS)

필요 없어진 데이터는
자동적으로 가상화되며

분석이 끝나면
결과가 합쳐짐

90%

hadoop

그림 8 데이터베이스, 데이터 창고, 하둡이 함께 일하는 방식('글루언트Gluent 데이터 플랫
폼 백서, 2017'의 그림에서 영감을 받았음. https://gluent.com/wp-content/
uploads/2017/09/Gluent-Overview.pdf).

이스 또는 데이터 창고에 저장되는 대신, 다수가 하둡으로 이동된 경우를 보여준다. 데이터베이스와 하둡 사이에 연결이 만들어지면서 데이터 과학자는 모든 데이터가 마치 한 곳에 있는 것처럼 질의를 할 수 있다. 데이터 창고에 있는 일부 데이터에 질의를 한 다음 하둡에 있는 부분에 질의를 하기 위해 별도의 과정을 밟을 필요가 없는 것이다. 항상 해왔던 것처럼 질의를 하면, 솔루션 프로그램이 알아서 질의가 각 부분에서 어떻게 실행되어야 하는지 알아서 파악한다. 각 부분에서 나온 질의의 결과는 합쳐져서 데이터 과학자에게 제시된다. 이런 식으로 데이터 창고가 커지면서 자주 질의를 하지 않게 되는 오래된 데이터가 있으면 하이브리드 데이터베이스 솔루션은 자동적으로 이런 데이터를 파악해 하둡 환경으로 보내고 더 자주 사용하게 되는 데이터는 데이터베이스로 옮긴다. 그 데이터에 얼마나 자주 접근하는지, 현재 진행 중인 데이터 과학 프로젝트의 종류는 무엇인지 파악하여 데이터의 위치를 자동으로 조정해주는 것이다.

이런 하이브리드 솔루션의 장점 가운데 하나는 데이터 과학자가 같은 구조화된 질의 언어(SQL)를 써서 양쪽 데이터에 동시에 질의할 수 있다는 점이다. 다른 데이터-질의 언어를 배우거나 여러 종류의 다른 도구들을 써야 할 필요가 없다. 요즘 경향대로면 주요 데이터베이스 판매자, 데이터 통합 솔루션 판매자, 모든 클라우드 데이터 저장소 판매자 등이 머지않아 이런 하이브리드 형태의 솔루션을 내놓을 전망이다.

데이터 준비와 통합

데이터에 대한 통합적인 관점을 조직에 주기 위해 여러 다른 데이터 원천의 데이터를 가져다 합치는 것이 데이터 통합이다. 이런 통합에 대한 좋은 예가 의료 기록이다. 모든 사람이 하나의 건강 기록만 가지고, 모든 병원, 의료 기관, 일반 의원이 같은 환자 번호, 같은 측정 기준, 같은 평가 시스템 등을 사용한다면 가장 이상적일 것이다. 하지만 현실은 거의 모든 병원에 자신들만의 환자 관리 시스템이 있고, 심지어 같은 병원의 각 검사실마다도 시스템이 다르다. 같은 환자의 기록을 찾아서 정확한 결괏값을 정확한 환자에게 입력하는 것이 얼마나 어려운 일일지 생각해보라. 이 문제는 한 병원에서만 겪는 문제가 아니다. 여러 병원이 환자의 데이터를 공유하는 경우, 데이터 통합 문제는 보통 일이 아니다. 바로 이 때문에 전체 데이터 과학 프로젝트 시간의 70에서 80퍼센트가 크리스프-디엠 단계 가운데 초반 세 단계에 들어가고, 특히 그중에서도 데이터 통합에 많은 시간이 들어가는 것이다.

여러 데이터 원천의 데이터를 통합하는 일은 데이터가 구조화되어 있을 때 더 어렵다. 반면 반정형 또는 비정형 데이터가 일반적인, 새로운 빅데이터 원천이 관련된 경우에는 데이터 통합과 통합 구조를 관리하는 데 들어가는 비용이 크게 올라간다. 데이터 통합이 어떤 일인지 잘 보여주는 예가 고객 데이터의 경우이다. 고객 데이터는 여러 다른 데이터 애플리케이션(그리고 각 애플리케이션의 연동 데이터베이스)에 산재되어 있을 수 있다. 각 애플리케이션은 서로 약간 다른 형태의 고객 데이터를 가지고 있을 수 있다. 예를 들어, 내부 데이터 원천은 고객 신용 등급, 구매량, 지불금, 콜센터 연락 정보 등을 가지고 있을 수 있다. 반면 외부 데이터에는 고객에 대한 다른 추가적인 정보가 있을 수 있다. 이런 상황에서 한 고객에 대한 통합적인 관점을 얻기 위해선 각 원천에서 데이터를 뽑아내 잘 통합해야만 하는 것이다.

데이터 통합 공정은 보통 여러 단계로 구성되는데, 추출, 정제, 표준화, 변환에 이어 마지막으로 하나의 통합된 데이터 버전을 만들기 위한 결합이 필요하다. 많은 데이터 원천이 독특한 인터페이스를 통해서만 접근할 수 있게 되어 있는 경우가 많기 때문에 여러 데이터 원천에서 데이터를 추출하는 과정은 까다롭다. 그래서 데이터 과학자는 각 데이터 원천에 접근해 필요한 데이터를 얻기 위해 다양한 기술들을 익혀야 한다.

데이터 원천으로부터 데이터를 추출하고 나면, 데이터의 품질을 확인해야 한다. 데이터 정제는 추출한 데이터에서 오류나 부정확한 점 등을 찾아내서 정리하고 제거하는 공정이다. 고객 주소 정보의 경우를 예로 들면, 주소를 표준화된 양식으로 변환하기 전에 추출한 데이터를 정리하는 과정이 필요하다. 또 추가로 데이터 원천에 중복되는 데이터가 있는 문제가 있을 수도 있는데, 사용할 정확한 고객 데이터를 찾아내고 다른 데이터들은 모두 데이터 세트에서 제거하는 과정이 필요할 수 있다. 데이터 세트에서 쓰이는 값들을 모두 일관되게 하는 것도 중요하다. 예컨대 한 애플리케이션에선 고객 신용 등급을 숫자로 매기는 반면 다른 곳에선 숫자와 문자가 결합된 형태로 표시할 수도 있다. 이런 경우 어떤 값을 사용할지, 다른 방식으로 표기된 등급은 표준 등급으로 어떻게 바꿀 것인지 등을 결정해야 한다. 고객의 신발 사이즈에 대한 데이터 세트의 경우도 생각해보자. 고객은 세계 여러 지역에서 신발을 살 수 있는데, 신발 크기에 대한 등급 체계는 유럽, 미국, 영국 그리고 다른 나라들이 모두 약간씩 다르다. 데이터 분석과 모델링을 하기 위해선 이런 데이터 값들이 표준화될 필요가 있다.

데이터 변환은 한 데이터 값을 다른 값으로 바꾸거나 결합하는 과정을 말한다. 이 과정에 쓸 수 있는 기술은 매우 다양한데, 데이터 스무딩smoothing, 구간화, 정규화 등과 특정한 변환을 수행하기 위한 맞춤형 코드 등이 있다. 데이터 변환의 일반적인 예는 고객 나이에 대한 경우다. 데이터 과학 과제에서 고객의 나이가 정확하게 구분되어 있는 것이 별로 도움이 안 되는 경우가 많다. 42세 고객과 53세 고객의 차이는 의미가 있을지라도, 42세 고객과 43세 고객의 차이는 그다지 크지 않을 경우가 많기 때문이다. 이 때문에 종종 고객 나이를 실제 나이에서 어떤 나이대의 범위 값으로 변환해주어야 하는 경우가 생긴다. 이렇게 나이를 나이 범위로 변환하는 공정이 구간화binning이라는 데이터 변환 기법의 대표 사례다. 구간화라는 과정 자체는 기술적 관점에서 비교적 단순하지만, 적용할 구간의 지점들을 어떻게 결정할 것인가는 쉽지 않은 문제다. 잘못된 구간을 설정하는 경우 데이터 사이에 중요하게 구분해야 할 점들을 모호하게 만들어버릴 수도 있는 것이다. 적절한 지점을 찾기 위해선 해당 분야에 대한 특정 지식을 활용하거나, 실제 시행해보고 오류를 보정하는 실험들을 수행해야 한다.

데이터 통합의 마지막 단계는 기계학습 알고리즘에 쓸 데이터를 만들어내는 것이다. 이런 데이터를 **분석용 기초 표**analytics base table라고 부른다.

분석용 기초 표 만들기

분석용 기초 표 만들기에서 가장 중요한 과정은 분석에 들어갈 속성을 선택하는 것이다. 선택은 속성 사이 관계에 대한 분석과 도메인 지식을 기반으로 이뤄진다. 예를 들어 어떤 서비스의 고객에 초점을 맞추는 분석의 경우를 생각해보자. 이런 경우 속성 설계와 선택에 자주 사용되는 도메인의 개념으로는 고객 계약의 상세 내용, 인구통계, 서비스 이용량, 이용량의 변화, 특별한 이용 예, 생애주기 단계, 네트워크의 링크 등이 있다. 나아가 이 가운데 어떤 속성이 다른 속성과 상관관계가 높을 경우 불필요하기 때문에(두 속성이 서로 따라서 움직이기 때문에 하나는 불필요하다는 뜻 – 옮긴이) 둘 중 하나는 제외한다. 불필요한 속성을 제외하면 모델을 이해하기 쉽게 단순하게 만들 수 있으며, 기계학습 알고리즘이 데이터의 잘못된 패턴에서 비롯된 모델을 도출할 가능성을 줄인다. 분석을 위해 포함된 속성들의 세트가 분석용 기록analytics record이라는 것을 정의한다. 분석용 기록에는 보통 날 것의 속성과 파생 속성이 모두 들어갈 수 있다. 분석용 기초 표에 있는 인스턴스들은 이 분석 기록으로 표현되기 때문에, 분석에 쓰일 각 인스턴스의 특성이 무엇이 될지를 분석용 기록에 포함된 속성의 세트가 결정하게 되는 것이다.

분석 기록을 어떻게 설계할지 결정하고 나면 분석용 데이터 세트를 만들기 위해 해당 기록을 추출해 결합해야 한다. 이 세트가 만들어져서 (데이터베이스 같은 곳에) 저장되고 나면 이 데이터 세트를 보통 분석용 기초 표analytics base table라고 부른다. 이 분석용 기초 표가 기계학습 알고리즘에 입력할 데이터 세트로 쓰이게 되는 것이다. 다음 장에서 기계학습 분야에 대해 소개하고, 데이터 과학에서 쓰이는 가장 유명한 몇 가지 기계학습 알고리즘을 보여줄 것이다.

4
기계학습 101

데이터 과학을 이해하는 가장 좋은 방법 중 하나는 그것을 데이터 과학자와 컴퓨터의 파트너십으로 보는 것이다. 우리는 2장에서 데이터 과학자가 수행하는 공정을 크리스프-디엠CRISP-DM 라이프 사이클로 설명했다. 크리스프-디엠은 데이터 과학자가 내려야 하는 결정과 이런 결정을 내리기 위해 필요한 정보를 얻어 수행해야 하는 작업들의 순서를 정의한다. 크리스프-디엠에서 데이터 과학자가 해야 하는 주요 업무는 문제를 정의하고, 데이터 세트를 설계하고, 데이터를 준비하고, 어떤 종류의 데이터 분석을 적용할지 결정하고, 데이터 분석의 결과를 해석 및 평가하는 것 등이다. 여기서 파트너인 컴퓨터는 데이터를 분석하고 그 안에서 패턴을 찾아내는 능력을 제공한다. 컴퓨터가 데이터로부터 패턴을 찾아내고 추출하기 위해 따르는 알고리즘을 연구하고 개발하는 분야가 기계학습이다. 기계학습 알고리즘과 기법은 크리스프-디엠 가운데 주로 모델링 단계에서 쓰인다. 이런 기계학습 공정에는 두 단계가 있다.

첫째, 기계학습 알고리즘을 데이터 세트에 적용해서 유용한 패턴을 찾아내는 단계다. 이 패턴은 서로 다른 여러 형식으로 표현될 수 있다. 이 장의 뒷부분에서 자세히 다루겠지만, 이런 형식에는 의사결정 나무, 회귀 모델, 신경망 등이 있다. 패턴의 표현 형식을 '모델'이라고 부르는데, 크리스프-디엠 라이프 사이클 가운데 '모델링 단계'라는 이름이 여기에서 나온 것이다. 간단히 말해, 기계학습 알고리즘은 데이터로부터 모델을 만들어내는 것이고, 각 알고리즘은 자신의 특정한 표현 형식(신경망, 의사결정 나무 등)으로 모델을 만들도록 설계되어 있다.

둘째는 모델을 만들고 나서, 이를 분석에 쓰는 단계다. 어떤 경우에는 여기서 모델의 구조가 중요하다. 모델의 구조는 도메인 영역에서 어떤 속성들이 중요한지 드러낼 수 있다. 예를 들어, 의료 도메인에서 뇌졸중 환자들 데이터 세트에 기계학습 알고리즘을 적용해 나온 모델의 구조를 이용하면 어떤 요소들이 뇌졸중과 강한 연관이 있는지 밝혀낼 수 있다. 활용의 다른 예로, 모델을 이용해 새로운 사례에 레이블을 붙이거나 분류하는 경우가 있다. 예컨대 스팸메일 필터의 가장 중요한 목적은 새 전자우편이 왔을 때 스팸인지 아닌지 레이블을 붙이는 데 있는 것이지 스팸 우편의 중요 속성이 무엇인지 드러내는 데 있는 것은 아니다.

지도 학습 대 비지도 학습

대부분의 기계학습 알고리즘은 지도 학습supervised learning 또는 비지도 학습unsupervised learning 가운데 하나로 나뉜다. 지도 학습의 목표는 각 인스턴스의 어떤 값들이나 속성으로부터 목표 속성target attribute이라고 부르는 속성의 값을 찾아내는 함수를 배우는 것이다. 예를 들어 스팸메일 필터를 훈련시키기 위해 지도 학습을 쓴다면, 알고리즘은 어떤 전자우편이 스팸메일인지 아닌지를 표시하는 속성을 목표 속성으로 잡고 그 값(스팸이다/아니다)을 결정하는 함수를 배우고자 할 것이다. 이 알고리즘이 배운 함수는 스팸메일-필터 모델을 도출한다. 이런 맥락에서 알고리즘이 데이터에서 찾고자 하는 패턴이란 입력 속성의 값을 목표 속성의 값과 연결하는 함수라 할 수 있고, 알고리즘이 도출하는 모델은 이 함수를 실행하는 컴퓨터 프로그램이라 할 수 있다. 지도 학습은 여러 함수 가운데 입력값과 출력값 사이에 최적의 연결 방식을 내놓는 함수를 찾는 형식으로 이뤄진다. 하지만 어느 정도 복잡성을 갖는 데이터 세트들은 보통 입력과 출력을 연결(매핑)하는 방식이 무수히 많기 때문에 알고리즘이 그 모든 함수를 다 시도해볼 수는 없다. 따라서 각 기계학습 알고리즘은 탐색하는 동안 특정 함수들만 살펴보거나 선호하도록 설계되어 있다. 이런 선호를 그 알고리즘의 학습 편향learning bias이라고 한다. 기계학습의 진짜 도전은 특정 데이터 세트에 대해 어떤 학습 편향이 있는 알고리즘을 적용하는 것이 가장 적절한지 찾는 데 있다고도 할 수 있다. 이 일은 일반적으로 데이터 세트에 여러 서로 다른 알고리즘들을 적용해보는 실험으로 이뤄진다.

지도 학습에서 '지도'란 데이터 세트의 각 인스턴스가 입력값과 출력값을 갖고 있기 때문에 붙은 말이다. 따라서 학습 알고리즘은 이 데이터 세트에 각 함수를 적용해보고 둘 사이 최적의 연결을 내놓는 함수를 찾게 되며, 이때 데이터 세트는 그 적용의 결과(피드백)를 제공함으로써 지도자(감독자) 역할을 하는 것이다. 그렇기 때문에 지도 학습을 하는 경우 데이터 세트의 각 인스턴스는 반드시 목표 속성의 값이 무엇인지 갖고 있어야 한다. 하지만 우리가 목표 속성 값에 관심을 갖는 이유는 때때로 그것을 직접 측정하기가 쉽지 않아서이다. 따라서 이런 값을 갖고 있는 데이터 세트를 만들어내는 게 쉬운 일은 아니다. 이런 경우 지도 학습을 이용한 모델을 훈련시키기 전에 목표 속성의 값을 가지고 있는 데이터 세트를 만들어내는 데 큰 시간과 노력이 들어가게 되는 것이다.

비지도 학습의 경우에는 목표 속성이 없다. 따라서 비지도 학습 알고리즘은 목표 속성을 가지고 있는 데이터 세트를 만들어내는 데에 시간과 노력을 들일 필요가 없다. 하지만 목표 속성이 없다는 말은 학습이 어렵다는 뜻이기도 하다. 알고리즘은 입력값에서 출력값으로 최적의 연결을 찾아내는 특정한 문제를 해결하는 게 아니라 데이터에서 규칙을 찾아내야 하는, 보다 막연한 일을 해야 하기 때문이다. 비지도 학습의 가장 흔한 형태는 데이터에서 서로 비슷한 인스턴스끼리의 군집을 찾는 군집 분석cluster analysis 알고리즘이다. 군집 알고리즘은 보통 데이터를 몇 개의 군집으로 일단 추측해 나눈 뒤 이를 반복해 업데이트하면서(인스턴스를 한 군집에서 빼서 다른 군집으로 옮기면서), 군집 내의 유사성과 군집 간의 다양성을 동시에 점점 높이는 방법으로 임무를 수행한다.

군집화의 과제는 유사성을 어떻게 측정하느냐이다. 만약 데이터 세트의 모든 속성이 숫자로 표시되고 범위가 모두 비슷하다면, 인스턴스(데이터의 행) 간의 유클리드 거리(보다 쉬운 말로는 직선 거리straight-line distance)를 구하면 충분할 것이다. 이 경우 보통 X-Y 2차원 좌표 평면이나 X-Y-Z 3차원 좌표 공간 등으로 표시하는 기하학의 기본 공간 개념에서 거리가 가까운 행들끼리는 서로 비슷하다고 봐도 무방하다. 하지만 요소가 많으면 행들 사이의 유사도를 계산하기가 복잡해진다. 어떤 데이터 세트의 경우 숫자 속성들 사이의 범위가 서로 달라서 한 속성에서 행들 사이 값의 차이가 다른 속성에서의 차이에 비해 미미할 수 있다. 이런 경우 속성들을 정규화시켜서 모두 같은 범위 안에 있도록 하는 처리가 필요하다. 유사도를 복잡하게 만드는 다른 요소는 서로 비슷하다는 뜻을 여러가지 다른 방식으로 볼 수 있다는 점이다. 어떤 속성은 다른 속성에 비해 중요하기 때문에 인스턴스 사이 거리를 측정할 때 이런 속성에 더 무게를 두는 게 바람직할 수 있다. 어떤 경우엔 데이터 세트가 숫자형이 아닌 다른 종류의 데이터를 갖고 있을 수도 있다. 복잡한 시나리오의 경우 군집화 알고리즘을 사용하기 위해 그보다 앞서서 맞춤형 유사성 측정 공식을 설계해야 하기도 한다.

비지도 학습을 보다 구체적인 사례로 살펴보자. 미국 백인 성인 남성을 대상으로 2형 당뇨병의 원인에 대해 분석하려 한다고 하자. 우리는 각 행이 한 사람을 뜻하고 각 열이 연구에 관련 있어 보이는 속성 하나를 뜻하는 데이터 세트를 만들어 분석을 시작하려 한다. 이 경우 미터법으로 측정된 한 사람의 키, 킬로 단위의 몸무게, 분 단위의 주당 운동 시간, 신발 크기, 병원 검사의 횟수와 생애 주기 조사로 도출한 당뇨병 발병 위험률(퍼센트 단위) 등이 속성에 포함될 수 있다. 표 2는 이 데이터 세트의 일부다.

표 2 당뇨병 연구 데이터 세트

ID	키 (미터)	몸무게 (킬로그램)	신발 크기	운동량 (분/주)	당뇨 (발병 확률 %)
1	1.70	70	5	130	0.05
2	1.77	88	9	80	0.11
3	1.85	112	11	0	0.18
...					

물론 연령과 같은 다른 속성이 포함될 수 있고, 신발 크기와 같이 당뇨병 발병과 별로 관련이 없어 보이는 속성을 뺄 수도 있다. 2장에서 논의했듯 데이터 세트에 어떤 속성을 넣고 뺄지는 데이터 과학의 핵심 업무이지만, 지금 논의의 목적상 이 상태의 데이터 세트를 다룬다고 하자.

비지도 군집화 알고리즘은 여기서 다른 행보다 더 비슷한 행의 그룹을 찾을 것이다. 이렇게 서로 비슷한 행의 그룹이 각각 유사 인스턴스 군집이 된다. 이런 식으로 군집화 알고리즘은 한 군집에서 상대적으로 자주 나타나는 어떤 속성의 값이 무엇인지를 통해 질병의 원인이나 질병의 동방 이환(여러 질병이 동시에 나타나는 것)을 찾아낼 수 있다. 비슷한 행의 군집을 찾는다는 단순한 아이디어는 사실 매우 강력해서 우리 삶의 여러 영역에 다양하게 쓰인다. 이런 군집화의 다른 응용 사례로는 고객에 대한 제품 추천 시스템이 있다. 어떤 고객이 어떤 책, 노래, 또는 영화를 좋아하면 그는 같은 군집에 속한 다른 사람들이 좋아하는 책, 노래, 영화도 좋아할 가능성이 있는 것이다.

예측 모델 학습

예측이란 주어진 인스턴스의 속성(입력 속성) 값들을 바탕으로 목표 속성의 값을 추정하는 일을 말한다. 이는 지도 기계학습 알고리즘의 과제로, 이런 알고리즘은 예측 모델을 생산한다. 지도 학습에서 나왔던 스팸메일 필터 사례가 여기에도 적용된다. 지도 학습을 이용해 스팸메일 필터를 훈련시킨다고 하였는데, 이 필터 모델이 일종의 예측 모델인 것이다. 예측 모델의 전형적인 활용 방법은 훈련용 데이터 세트에 포함되지 않은 새 인스턴스의 목표 속성 값을 추정하는 것이다. 스팸 필터 예를 계속 들자면, 우리는 과거 전자우편의 데이터 세트로 스팸 필터(예측 모델)를 훈련시킨 다음 이 모델을 새 전자우편이 왔을 때 스팸인지 아닌지 예측하는 데 쓰게 된다. 기계학습을 이용해 해결하고자 하는 문제의 가장 널리 알려진 형태가 예측 문제이기 때문에, 이 장의 나머지 부분은 예측 문제에 대한 사례 연구에 초점을 맞춰 기계학습을 설명할 것이다. 기본 개념인 상관 분석correlation analysis부터 시작해 예측 모델을 소개하고자 한다. 그러고 나서 지도형 기계학습 알고리즘이 어떤 방식으로 선형 회귀 모델, 신경망 모델, 의사결정 나무 등의 여러 유명한 예측 모델을 만들어내는지 설명할 것이다.

상관관계는 인과관계가 아니지만, 일부는 유용하다

상관관계correlation는 두 속성 간의 연관의 정도를 말한다.[1] 일반적 의미로 상관관계는 두 속성 사이 어떤 종류의 연관이든 지칭할 수 있다. 하지만 상관관계라는 말은 통계적으로 어떤 특정 개념을 지칭하기도 하는데, 이 경우 보통 '피어슨 상관관계Pearson correlation'를 뜻한다. 피어슨 상관계수는 두 숫자형 속성 사이 선형 관계가 얼마나 강한지를 측정한 계수다. 범위는 -1부터 +1까지다. 두 속성 사이의 피어슨 값 또는 계수는 문자 r로 표시한다. 상관계수 r이 0이면 두 속성이 상관이 없다는 뜻이다. 상관계수 r이 +1이면 두 속성이 완벽한 양의 상관관계가 있다는 뜻으로, 한 속성의 값이 변하면 다른 속성도 그에 상응하는 양만큼 같은 방향으로 값이 변한다는 뜻이다. 상관계수 r이 -1이면 두 속성이 완벽한 음의 상관관계가 있다는 뜻으로, 한 속성의 값이 바뀌면 그에 상응하는 양만큼 반대 방향으로 다른 속성이 변한다는 뜻이다. 피어슨 상관계수 r이 ±0.7 정도 되면 속성 사이에 강한 선형 관계가 있다고 하고, ±0.5 정도면 보통의 선형 관계, ±0.3 정도면 약한 관계가 있다고 해석하는 것이 일반적이다. 0이면 아무 관계가 없다고 한다.

앞에서 나온 당뇨병 연구의 경우 우리는 우리 몸이 어떻게 만들어져있는지에 대한 지식에 기반해서 표 2의 몇 가지 속성이 서로 관계가 있으리라고 기대할 수 있다. 예를 들어, 어떤 사람이 키가 크면 그의 신발 크기도 큰 게 보통이다. 또 어떤 사람이 운동을 더 많이 할수록 그렇지 않은 사람에 비해 몸무게가 덜 나가며, 따라서 키가 큰 사람은 작은 사람에 비해 둘의 운동량이 같을 경우 몸무게가 더 나가리라고 예측할 수 있다. 또한 어떤 사람의 신발 크기와 운동량 사이에는 명확한 관계는 없으리라고 추정하는 것도 가능하다. 그림 9는 이런 직관들이 데이터로는 어떻게 나타나는지 3개의 산포도로 보여주고 있다. 가장 위의 산포도는 신발 크기와 키를 기준으로 데이터를 뿌렸다. 이 산포도에는 분명한 패턴이 있다. 왼쪽 아래에서부터 오른쪽 위로 데이터가 이동하면서, 키가 큰 사람일수록(즉 x축을 따라 오른쪽으로 이동할수록) 더 큰 신발을 신는(즉 y축을 따라 위로 이동하는) 경향을 보이는 것이다. 일반적으로 산포도에서 데이터가 왼쪽 아래에서 오른쪽 위로 찍히는 패턴을 보이면 두 속성 사이에 양의 상관관계가 있다는 뜻이다. 여기서 신발 크기와 키 사이에 피어슨 상관관계를 구하면 상관 계수 r은 0.898로 나오며, 이는 두 속성 사이 강한 양의 상관관계가 있다는 뜻이다. 중간의 산포도는 몸무게와 운동량 데이터를 찍으면 어떻게 나타나는지 보여준다. 여기선 왼쪽 위에서 오른쪽 아래 반대 방향으로 데이터가 이동하는 반대 패턴이 나타나고 있으며 이는 음의 상관관계, 즉 더 많이 운동할수록 몸무게가 덜 나간다는 뜻이다. 이 두 속성의 피어슨 상관관계 계수 r을 구하면 −0.710으로 강한 음의 상관관계가 나타난다. 마지막 산포도는 운동량과 신발 크기를 찍은 것이다. 여기서 데이터는 상대적으로 무작위하게 분포하고 있으며, 피어슨 상관관계 계수는 −0.272이다. 이는 사실상 상관관계가 없다는 뜻이다.

통계적인 피어슨 상관관계의 정의가 두 속성 사이에 대한 것이기 때문에 통계적 상관관계에 대한 데이터 분석도 단지 한 짝의 속성들에 대해서만 할 수 있는 것처럼 생각하기 쉽다. 하지만 다행스럽게도 함수를 이용하면 이런 문제를 우회해서 여러 개 속성에 대해서도 응용할 수 있다. 2장에서 어떤 사람의 몸무게와 키에 대한 함수의 일종인 체질량지수(BMI)에 대해 소개한 바 있다. 보다 구체적으로 말하면, 이는 (킬로그램 단위) 몸무게를 (미터 단위) 키의 제곱으로 나눈 비율을 뜻한다. 19세기 벨기에 수학자 아돌프 케틀레Adolphe Quetelet가 고안한 체질량지수는 사람을 저체중, 정상 체중, 과체중, 비만 등으로 구분하기 위해 쓰였다. 몸무게와 키의 비율이 쓰인 이유는 키와 상관없이 같은 범주(저체중, 정상 체중, 과체중, 비만 등)에 들어 있는 사람은 비슷한

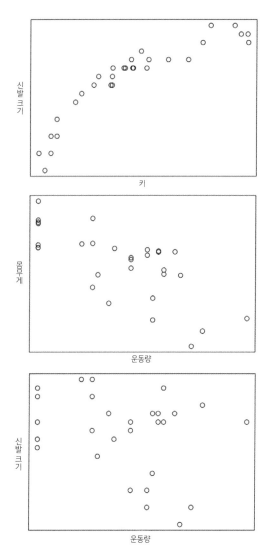

그림 9 신발 크기와 키, 몸무게와 운동량, 신발 크기와 운동량에 대한 산포도.

값이 나오도록 하기 위한 설계였다. 우리는 몸무게와 키가 양의 상관관계가 있다는(일반적으로 키가 큰 사람은 몸무게도 많이 나간다) 것을 알고 있다. 따라서 몸무게를 키로 나눔으로서 키가 몸무게에 미치는 영향을 통제하는 것이다. 제곱으로 나누는 이유는 키가 크면 동시에 옆으로도 더 넓어지기 때문에 키를 제곱함으로써 어떤 사람의 전체 부피에 대한 추정치로 계산하고자 하는 것이다. 여러 속성에 대한 상관관계를 구하는 우리의 논의에서 체질량지수에는 흥미로운 점 두 가지가 있다. 첫째, 체질량지수는 여러 속성을 입력값으로 하여 새 값을 구하는 일종의 함수이다. 이런 방법으로 새로운 (날 속성과 대비되는) 파생 속성을 만들어낼 수 있다. 둘째, 어떤 사람의 체질량지수는 숫자형 값이기 때문에 이 값과 다른 값의 상관관계를 계산할 수 있다.

미국 백인 성인 남성의 2형 당뇨병에 대한 사례 연구에서, 우리는 한 사람의 당뇨병 발병 확률이라는 목표 속성과 어떤 다른 속성이 강한 상관관계가 있는지 알아내고자 하였다. 그림 10은 3개의 산포도를 보여주고 있는데, 각 점들은 목표 속성(당뇨병)과 다른 속성들, 키, 몸무게, 체질량지수의 관계를 찍은 것이다. 키와 당뇨병의 산포도에선 데이터에 특정한 패턴이 나타나지 않기 때문에 두 속성 사이에 분명한 상관관계가 보이지 않는다 (피어슨 상관계수 r은 -0.277이다). 중간 산포도는 몸무게와 당뇨병의 데이터를 이용해 찍은 것이다. 데이터의 분포는 이들 두 속성 사이에 양의 상관관계가 있음을 보인다. 어떤 사람의 몸무게가 많이 나갈수록, 당뇨병에 걸릴 확률도 높은 것이다(피어슨 계수 r은 0.655이다). 가장 아래 산포도는 체질량지수와 당뇨병 데이터를 이용해 그린 것이다. 이 산포도의 패턴은 가운데 산포도와 비슷하다. 데이터는 왼쪽 아래에서 오른쪽 위로 퍼져 있어 양의 상관관계를 보여준다. 하지만 여기서 인스턴스들은 보다 빽빽이 모여 있어 체질량지수와 당뇨병의 상관관계가 몸무게와 당뇨병의 상관관계보다 더 강하다는 점을 보여준다. 실제로 당뇨와 체질량지수의 상관 계수 r은 0.877에 달한다.

체질량지수 사례는 여러 속성을 입력값으로 하는 함수를 정의함으로써 새 파생 속성을 만들 수 있다는 것을 잘 보여준다. 또한 이 파생 속성과 데이터 세트의 다른 속성에 대해 피어슨 계수를 구할 수 있다는 점도 보여준다. 더 나아가, 파생 속성은 파생 속성을 만들어내는 데 쓰인 다른 어떤 속성보다도 목표 속성과 더 높은 상관관계를 보일 수도 있다. 왜 체질량지수가 당뇨병 속성과 더 높은 상관관계를 보이는지 이해하는 방법 가운데 하나는 어떤 사람이 당뇨에 걸릴 가능성은 키나 몸무게 같은 하나의 속성보다 키와 몸무게의 상호작용에 보다 깊은 연관이 있고, 체질량지수는 당뇨병 속성에 적합한 둘의 상호작용을 잘 모델링하고 있다고 보는 것이다. 임상의가 사람들의 체질량지수에 관심을 갖는 이유는 이 수치가 어떤 사람이 2형 당뇨병에

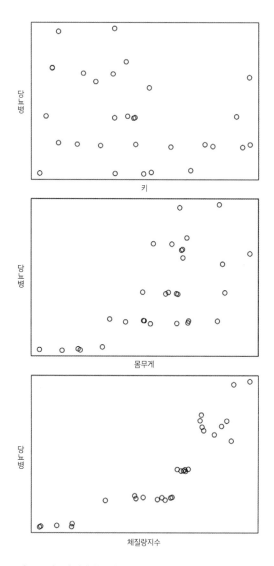

그림 10 당뇨병 발병 확률과 키, 몸무게, 체질량지수에 대한 산포도.

걸릴 확률에 대해 키 또는 몸무게를 따로 볼 때보다 더 많은 정보를 제공하기 때문이다.

데이터 과학에서 속성의 선택이 매우 중요하다는 것을 앞서 말한 바 있다. 속성 설계도 마찬가지다. 알아보고자 하는 어떤 속성과 강한 상관관계가 있는 파생 속성을 설계하는 것은 종종 데이터 과학의 진정한 가치를 드러낸다. 맞는 속성을 찾아내고 설계하는 일이 어렵지, 일단 데이터를 대표해 어떤 속성을 쓰는 게 맞는지 알고 나면 정확한 모델을 만드는 것은 상대적으로 금방 할 수 있다. 체질량지수는 19세기에 한 사람이 설계한 파생 속성이다. 하지만 기계학습 알고리즘은 속성 사이의 상호작용을 학습해서 속성 간의 여러 조합을 탐색하고, 이런 조합과 목표 속성 간의 상관관계를 검증해 유용한 파생 속성을 직접 만들어낼 수 있다. 우리가 이해하고자 하는 어떤 과정에 대해 상호작용이 약한 속성만 여럿 있을 경우 기계학습을 쓰는 것이 유용한 이유가 바로 이것이다.

목표 속성과 높은 상관관계가 있는 (원본 또는 파생) 속성을 찾는 것이 중요한 이유는, 그렇게 해야 목표 속성이 대표하는 어떤 현상이 왜 일어나는지 통찰을 줄 가능성이 높기 때문이다. 체질량지수가 어떤 사람의 당뇨병 발병 경향과 상관관계가 높다는 것은 어떤 사람이 당뇨를 앓게 되는 원인이 몸무게 자체가 아니라 과체중 여부와 관련된다는 사실을 말해준다. 또, 하나의 입력 속성이 목표 속성과 높은 상관관계에 있으면 그 입력값이 예측 모델에도 유용할 가능성이 높다. 상관관계 분석과 마찬가지로 예측도 속성 간의 관계에 대해 분석하는 작업이다. 한 무리의 입력 속성 가운데 목표 속성과 연결시키려는 값들은 반드시 그 입력 속성(또는 그로부터 나오는 파생 함수에 의한 속성)이 목표 속성과 상관관계가 있어야 한다. 만약 이런 상관관계가 없다면 (또는 알고리즘이 그 관계를 찾아낼 수 없다면) 입력 속성은 예측 문제와 무관하며, 모델이 할 수 있는 일이라곤 이런 입력 속성들은 무시하고 데이터 세트 목표 속성 값의 집중경향치[2](데이터가 분포하는 경향을 대표해 나타내는 수치. 평균, 중앙값 등을 말한다 - 옮긴이)를 예측하는 것일 뿐이다. 반대로 입력 속성과 목표 속성 사이에 강한 상관관계가 존재한다면 기계학습 알고리즘은 매우 정확한 예측 모델을 만들어낼 수 있다.

선형회귀

데이터 세트가 숫자형 속성으로 이뤄져 있으면 회귀에 기반한 예측 모델이 자주 쓰인다. 회귀분석regression analysis은 입력 속성의 값이 고정되어 있을 때 숫자형 목표 속성의 기대(또는 평균) 값을 추정하는 방법이다. 회귀분석의 첫 단계는 입력 속성과 목표 속성의 관계 구조에 대해 가정하는 것이다. 그리고 이 관계에 대한 가정을 매개변수화한 수학 모델(통계학에서 한정된 몇 개의 매개변수로 데이터 값의 확률분포를 표시하는 모델을 말한다. 회귀분석은 이 모델을 회귀 함수의 형태로 표현한다-옮긴이)로 정의한다. 이 매개변수화한 모델을 회귀 함수regression function라고 한다. 회귀 함수가 입력값을 출력값으로 바꾸는 기계라면 매개변수는 이 기계의 작동을 조절하는 설정이라 할 수 있다. 회귀 함수는 여러 개의 매개변수를 가질 수 있으며 회귀 분석의 초점은 이 매개변수들의 맞는 설정을 찾는 데에 있다.

회귀분석을 이용하면 속성 간 여러 다른 형태의 관계를 가정하고 모델화할 수 있다. 이론적으로는, 적합한 회귀 함수를 정의하는 능력만 충분하다면 관계 구조를 모델로 만드는 데 한계는 없다. 어떤 도메인에선 특정한 관계의 형식을 가정할 충분한 이론적 토대가 있기도 하지만, 이런 도메인의 이론이 없는 경우 관계의 가장 단순한 형태, 예컨대 선형 관계 같은 것을 가정하는 것부터 시작해 필요하다면 복잡한 관계로 발전시키는 것이 좋다. 선형 관계부터 시작하는 이유는 선형-회귀 함수가 상대적으로 해석하기 쉽기 때문이다. 상식적으로도 문제를 가능한 한 단순하게 만드는 것이 좋다.

선형 관계를 가정했을 때의 회귀분석을 선형회귀linear regression라 한다. 선형회귀의 가장 단순한 형태는 입력 속성 X와 목표 속성 Y라는 두 속성의 관계를 모델링하는 경우다. 이 단순한 선형회귀 문제의 경우, 회귀 함수는 다음과 같다.

$$Y = \omega_0 + \omega_1 X$$

이 회귀 함수는 대부분 사람이 고등학교 기하학 시간에 배우는 선의 공식(보통 $y = mx + c$라고 쓴다)과 유사하다.[3] 변수 ω_0와 ω_1이 회귀 함수의 매개변수들이다. 이 매개변수들을 바꾸면 함수가 입력값 X를 출력값 Y에 어떻게 대응시키는지가 바뀐다. 매개변수 ω_0는 y절편(또는 고등학교에서 배운 공식의 c)으로, X의 값이 0일 때 선이 수직 y축에서 만나는 곳을 뜻한다. 매개변수 ω_1은 선의 기울기(고등학교 공식에서 m에 해당)를 말한다.

회귀분석에서, 처음에는 회귀 함수의 매개변수를 모른다. 회귀 함수의 매개변수를 구하는 과정은 데이터에 가장 잘 맞는 선을 긋는 것과 같은 과정이다. 매개변수를 정하는 과정은 값을 추측해보는 것으로 시작해서 데이터 세트와 함수 사이에서 발생하는 전체 오차를 줄이기 위해 값을 반복해서 업데이트하는 식으로 이뤄진다. 전체 오차의 값은 다음 세 단계로 구한다.

1. 데이터 세트의 각 인스턴스에 회귀 함수를 적용해서 목표 속성에 대한 추정치를 계산한다.
2. 목표 속성의 실제 값에서 구한 추정치를 빼서 각 인스턴스마다의 오차를 구한다.
3. 각 오차를 제곱해서 더한다.

3단계에서 제곱을 하는 이유는 그냥 합하면 함수 추정치가 실제 값보다 많이 나왔을 때 음의 오차와 실제 값보다 적게 나왔을 때 양의 오차가 서로 상쇄되는 것을 막기 위해서다. 제곱을 하면 두 경우 모두 오차가 양의 값이 된다. 이런 식으로 계산한 오차 값을 오차제곱합sum of squared errors, SSE이라고 하며, SSE를 최소로 만드는 매개변수를 찾는 방식으로 적합한 선의 공식을 도출하는 방법을 최소제곱법least squares이라고 한다. SSE는 다음과 같이 정의된다.

$$SSE = \sum_{i=i}^{n} (target_i - prediction_i)^2$$

공식에서 n은 데이터 세트의 인스턴스 개수를 말하며, $target_i$는 데이터 세트의 인스턴스 i가 갖고 있는 목표 속성의 값, $prediction_i$는 같은 인스턴스에 함수를 적용해서 구한 목표 속성 추정치를 뜻한다.

개인의 체질량지수에 따른 당뇨병 발병 가능성에 대한 선형 회귀 예측 모델을 만들기 위해선 X에 체질량지수 속성을 두고, Y에 당뇨병 속성을 둔 뒤 데이터 세트에 최소제곱법 알고리즘을 적용해서 가장 잘 맞는 최적의 선을 찾아내면 된다. 그림 11a는 데이터 세트의 인스턴스들에 대해 이렇게 구한 최적의 선을 보여주고 있다. 그림 11b에서 점선은 이 선의 각 인스턴스들에 대한 오차(또는 잔차)를 뜻한다. 최소제곱법에서 최적선은 이 잔차의 제곱을 최소로 만드는 선이다. 이 선의 경우 공식은 다음과 같다.

당뇨병 = -7.38431 + 0.55593 * 체질량지수

기울기 매개변수 ω_1 값이 0.55593이라는 것은 체질량지수가 한 단위 증가할 때마다 이 모델이 예측하는 당뇨병 발병 확률도 절반을 약간 넘는 만큼 증가한다는 뜻이다. 한 사람의 당뇨병 발병 확률을 예측하려면 그의 체질량지수를 이 모델에 적용하기만 하면 된다. 예를 들어 체질량지수가 20이면 이 모델은 당뇨병 속성의 값이 3.73퍼센트가 된다고 예측하며, 21이면 4.29퍼센트가 된다고 예측하는 것이다.[4]

최소제곱법을 이용해서 선형회귀 모델을 구할 때 알고리즘 안에서 실제로 이뤄지고 있는 일은 각 인스턴스의 가중 평균(각 값에 영향도에 해당하는 값을 곱해 구한 평균 - 옮긴이)을 구하는 것이다. 사실 절편 매개변수 ω_0는 최적선이 데이터 세트의 체질량지수 값 평균과 당뇨병 값 평균의 점을 지나도록 정해진다. 즉 데이터 세트의 체지량지수 평균 값(이 예시의 경우 24.0932이다)을 이 모델에 입력하면, 추정치 4.29퍼센트가 나오는데 이는 데이터 세트의 당뇨병 속성 평균값과 일치한다.

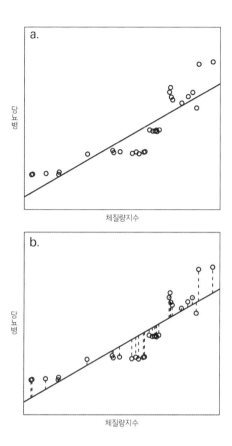

그림 11 (a) '당뇨병 = −7.38431 + 0.55593 * 체질량지수'라는 모델에 가장 잘 맞는 회귀선.
(b) 수직의 점선은 각 인스턴스의 잔차를 의미한다.

각 인스턴스의 가중치는 선으로부터 그 인스턴스가 얼마나 떨어져 있느냐에 따라 정해진다. 어떤 인스턴스가 선으로부터 멀수록 그 인스턴스의 잔차는 커지는데 알고리즘은 이 잔차를 제곱해서 가중치를 구한다. 이런 식으로 가중치를 구하면 어떤 극단값(아웃라이어)을 갖는 한 인스턴스가, 최적선을 찾는 작업에 불균형하게 큰 영향을 미쳐서 다른 인스턴스들로부터 멀어지도록 끌어당기는 일이 벌어질 수 있다. 즉, 최소제곱법 알고리즘으로 데이터 세트의 최적선을 찾는 경우(달리 말하면 데이터 세트로 선형회귀 함수를 훈련시키는 경우) 데이터 세트에 극단값은 없는지 먼저 확인하는 작업이 중요하다.

선형회귀 모델은 여러 입력값을 받는 형태로 확장할 수 있다. 입력 속성이 하나 추가되면 매개변수도 따라서 하나 추가되며, 모델의 공식은 새 속성과 새 매개변수의 곱을 합계에 더하는 식으로 업데이트된다. 당뇨병 사례에서 운동량 속성과 몸무게 속성의 입력값을 모델에 추가하면, 회귀 함수의 구조는 다음과 같이 된다.

$$당뇨병 = \omega_0 + \omega_1 체질량지수 + \omega_2 운동량 + \omega_3 몸무게$$

통계학에서, 이런 식으로 여러 입력값을 하나의 출력값에 대응시키는 회귀 함수를 다중 선형회귀 함수multiple linear regression function라고 한다. 여러 입력을 받는 회귀 함수의 구조는 신경망을 비롯한 다양한 기계학습 알고리즘에도 마찬가지로 적용되는 기본 구조다.

상관관계와 회귀는 데이터 세트 열들 사이 관계에 초점을 맞추고 있다는 점에서 비슷한 개념들이다. 상관관계는 두 속성 사이에 관계가 있는지 없는지 탐색하는 데 주목하며, 회귀는 하나나 그 이상의 입력 속성 값이 있을 때 목표 속성의 값을 추정하기 위해 속성 사이 관계를 가정하는 모델을 만드는 데 주목한다. 구체적으로 피어슨 상관관계와 선형회귀 사례에서 봤듯이 피어슨 상관관계는 두 속성 사이에 선형 관계가 얼마나 강한지를 측정하며, 선형회귀는 최소제곱법을 이용해 한 속성이 주어졌을 때 다른 값을 예측하는 최적선을 찾아내는 작업이다.

신경망과 딥러닝

신경망neural network은 서로 연결되어 있는 한 무리의 뉴런으로 구성된다. 뉴런은 여러 숫자 값을 입력 받아 단 하나의 출력 값으로 매핑(연결)한다. 즉 뉴런은 본질적으로 하나의 다중 입력 선형회귀 함수라고 할 수 있다. 둘 사이에 두드러진 차이는 뉴런이라는 다중 입력 선형회귀 함수의 출력값은 활성 함수activation function라는 다른 함수로 전달된다는 점뿐이다.

이 활성 함수는 다중 입력 선형회귀 함수 출력값에 비선형 매핑(앞서 선형회귀 사례 같은 선의 공식이 아닌 다른 공식으로 연결되는 매핑 – 옮긴이)을 적용하는 기능을 한다. 가장 흔하게 쓰이는 활성 함수 두 가지가 로지스틱 함수logistic function와 탄 함수tahn function(그림 12)다. 두 함수는 뉴런에서 하나의 값 x를 입력값으로 받는데, 이 x는 뉴런이 자신의 입력값에 다중 입력 선형회귀 함수를 적용해 얻은 출력값이다. 두 함수는 모두 약 2.71828182 정도 되는 오일러의 수 e를 사용한다. 이런 함수는 종종 압착 함수squashing function라고 부르는데, 이들은 양의 무한대와 음의 무한대 사이에 있는 값을 받아서 미리 정의된 좁은 범위 안의 한 값으로 변환해 배정(매핑)하기 때문이다. 로지스틱 함수의 산출 범위는 0부터 1 사이이며, 탄 함수는 –1부터 1 사이이다. 이 때문에 로지스틱 함수를 활성 함수로 쓰는 뉴런의 출력값은 늘 0부터 1 사이가 된다.

로지스틱과 탄 함수가 모두 비선형 매핑을 쓴다는 것은 이들 함수가 모두 깔끔한 S 모양 곡선을 그린다는 말이다. 뉴런에 비선형 매핑을 도입하는 이유는 다중 입력 선형회귀 함수가 그 정의상 항상 선형이라는 점 때문이다. 만약 네트워크 안의 모든 뉴런이 선형 매핑만 할 수 있으면 전체 신경망도 선형 함수밖에 학습할 수 없다. 하지만 비선형 활성 함수를 도입하면 뉴런의 네트워크는 복잡한(비선형) 함수도 학습할 수 있다.

결국 신경망의 각 뉴런은 다음과 같은 매우 단순한 일만 한다.

1. 각 입력값을 비중에 따라 곱한다.

2. 곱셈의 결과를 합한다.

3. 이 결과를 활성 함수에 넣는다.

작업 1과 2는 다중 입력 회귀 함수가 입력값을 받아 계산하는 과정일 뿐이고, 작업 3은 활성 함수가 맡는 부분이다.

신경망의 뉴런 사이의 모든 연결은 지시에 따라 이뤄지며 각

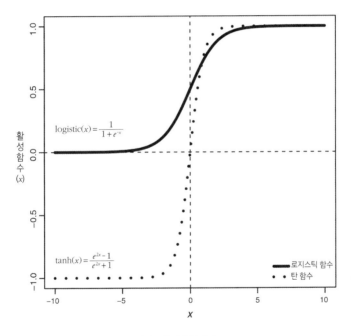

그림 12 입력값 x에 로지스틱과 탄 함수를 적용한 매핑.

각 배정된 비중이 있다. 한 연결의 비중은 그 연결로부터 입력 값을 받는 뉴런이 해당 값을 다중 입력 회귀 함수에 적용할 때 할당하는 비중과도 같다. 그림 13은 단순한 신경망의 위상 구조를 나타낸 것이다. 그림 왼쪽의 사각형 A와 B는 컴퓨터 메모리 상의 이 신경망 입력값들을 나타내는 노드들이다. 여기에선 아무런 처리나 변환이 이뤄지지 않는다. 이들은 그 결과값이 단순히 입력값으로만 쓰이는 입력 또는 감지 뉴런이라고 할 수 있다.[5] 그림 13에서 (C, D, E, F라고 붙은) 동그라미들은 네트워크 안의 뉴런들이다. 이 뉴런들은 층으로 정렬된 네트워크 안에 있다고 보면 이해가 쉽다. 이 신경망의 경우 3개의 뉴런 층이 있는데, A와 B가 입력 층, C, D, E가 숨은 층, F가 출력 층이다. 숨은 층hidden layer이라는 말은 이 층 안에 있는 뉴런이 입력 층도 아니고 출력 층도 아닌 곳에 속하기 때문에 우리가 볼 때 숨겨져 있다는 뜻에서 붙여진 이름이다.

네트워크에서 뉴런들을 서로 연결하는 선에 붙은 화살표는 정보의 방향을 나타낸다. 이 네트워크는 기술적으로 피드-포워드feed-forward 신경망이라 할 수 있는데, 네트워크 안에서 정보의 순환이 일어나지 않고, 모든 연결이 입력에서 출력으로 향하는 방향으로만 향하고 있기 때문이다. 또한 이 네트워크는 완전히 연결됐다고 할 수 있는데 왜냐면 모든 뉴런이 다음 단계 층에 있는 모든 뉴런들과 서로 모두 연결되어 있기 때문이다. 층

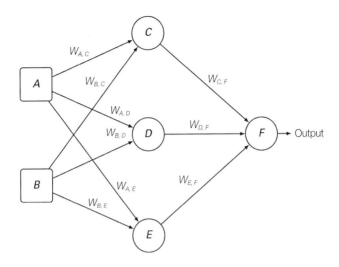

그림 13 단순한 신경망의 예.

의 숫자를 바꾸거나, 각 층의 뉴런 숫자를 바꾸거나, 층 사이 연결의 방향이나 다른 매개변수를 바꾸는 방식으로 여러 다양한 종류의 신경망을 만드는 것이 가능하다. 사실 특정한 일을 수행하면서 신경망을 활용하는 경우, 작업 시간의 상당 부분은 이렇게 여러 연결 방법을 실험하면서 최적의 네트워크 구조를 찾아내는 데 소요된다.

각 화살표에 달린 레이블은 해당 연결을 통해 전달되는 정보가 화살표 끝의 노드에서 얼마나 큰 비중을 차지하는지를 나타낸다. 예를 들어, C와 F를 연결하는 화살표의 경우 C의 결과값이 F의 입력값으로 들어가며, 이때 F는 C로부터 들어오는 정보에 비중 $W_{C,F}$를 적용한다는 뜻이다.

그림 13의 신경망에 있는 뉴런들이 탄 활성 함수를 쓴다고 가정하면 뉴런 F에서 수행되는 계산은 다음과 같이 정의할 수 있다.

$$\text{Output} = \tanh(W_{C,F}C + W_{D,F}D + W_{E,F}E)$$

뉴런 F에서 이뤄지는 처리에 대한 수학적 정의는 이 신경망의 최종 결과가 여러 함수의 조합으로 이뤄진다는 점을 보여준다. '함수의 조합'이라는 말은 한 함수의 결과가 다른 함수의 입력으로 쓰인다는 뜻이다. 이 사례의 경우 뉴런 C, D, E의 결과가 뉴런 F의 입력값으로 쓰였으며, 따라서 F에 쓰인 함수는 C, D, E에서 쓰인 함수들을 조합하고 있는 것이다.

그림 14는 이런 신경망을 보다 구체적인 사례로 소개하고 있다. 이 신경망은 한 사람의 체지방률과 최대산소섭취량 VO_2 max(1분 동안 한 사람이 쓸 수 있는 산소의 최대량)을 입력값으로 받아 그 사람의 체력 수준을 계산한다.[6] 네트워크의 중간 층에 있는 각 뉴런은 체지방률과 최대산소섭취량을 받아 계산하는 함수 $f_1(), f_2(), f_3()$이다. 이 함수는 각각 입력값들 사이의 관계를 다르게 모델링한다. 이 함수들의 핵심은 네트워크의 원 입력값

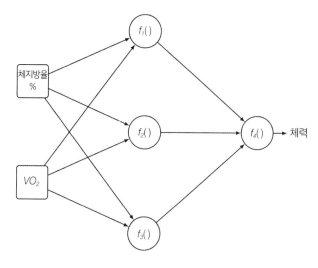

그림 14 어떤 사람의 체력 수준을 예측하는 신경망.

으로부터 새로운 파생 속성을 만들어낸다는 것이다. 이들은 앞의 사례에서 나온 키와 몸무게를 받아 계산하는 체질량지수와 같다고 할 수 있다. 파생 속성이 무엇을 나타내는지 도메인의 이론으로 설명이 가능하고, 네트워크에서 파생 속성이 왜 중요한지 이해할 수 있다면 뉴런이 내놓는 결괏값의 의미를 우리가 해석할 수도 있다. 하지만 뉴런이 계산해 내놓는 파생 속성은 보통 인간이 이해할 수 있는 상징적 의미를 갖지 않는다. 이들 속성은 다른 속성들 사이의 관계가 어떻게 되는지를 포착할 뿐이고 신경망도 그런 용도로서 이런 함수를 활용할 뿐이다. 신경망의 마지막 노드 f_4는 $f_1()$, $f_2()$, $f_3()$이 내놓은 신경망의 체력 수준 예측값들을 받아서 계산하는 또 하나의 함수다. 이 함수 역시 목표 속성과 높은 상관관계를 보이는 입력값 사이의 상호 작용을 정의한다는 점 외에는 인간에게 그다지 유용한 의미를 제공하지 않는다.

신경망을 훈련시킨다는 것은 네트워크의 각 연결들에 적합한 비중을 찾는다는 의미이다. 네트워크를 어떻게 훈련시키는지 이해하려면 네트워크의 출력 층에 있는 한 뉴런에 대한 비중을 훈련으로 어떻게 찾는지 살펴보는 것부터 시작하면 좋다. 각 인 스턴스마다 입력값과 목표 속성 출력값이 있는 훈련용 데이터 세트가 있다고 해보자. 또 이 뉴런으로 들어오는 각 연결마다 배정된 비중도 있다고 가정하자. 데이터 세트에서 한 인스턴스 를 가져다 그 인스턴스의 입력 속성 값을 신경망에 넣으면, 출 력 뉴런은 목표 속성에 대한 예측값을 내놓을 것이다. 이 예측 값을 데이터 세트에 있는 목표 속성의 실제 값에서 빼면 이 인 스턴스에 있어서 뉴런의 오차를 측정할 수 있다. 뉴런 결괏값의 오차 측정치를 알면 기초 미분법을 이용해서 이 오차를 줄이기 위해 뉴런으로 들어오는 연결들의 각 비중을 어떻게 업데이트 해야 하는지에 대한 규칙을 도출할 수 있다. 이 규칙의 정확한 정의는 뉴런이 쓰고 있는 활성 함수에 따라 달라지는데, 활성 함수가 규칙의 도출에 쓰이는 미분계수에 영향을 미치기 때문이다. 하지만 그런 것을 신경쓰지 않더라도 비중을 어떤 규칙에 따라 업데이트하는지에 대해 다음과 같은 직관적인 설명이 가능하다.

1. 만약 오차가 0이면 입력값들의 비중을 바꿔선 안된다.
2. 만약 오차가 양이면 뉴런의 출력값을 늘려야 오차가 줄어들기 때문에 입력값이 양인 모든 연결들의 비중은 늘리고 입력값이 음인 연결의 비중은 줄여야 한다.
3. 만약 오차가 음이면 뉴런의 출력값을 줄여야 오차가 줄어들기 때문에 입력값이 양인 모든 연결들의 비중은 줄이고 입력값이 음인 연결의 비중은 늘려야 한다.

신경망을 훈련시키는 게 어려운 이유는 비중-업데이트 규칙이 각 뉴런의 오류 추정치를 요구하기 때문이다. 신경망의 출력층에서 이 오류를 계산하는 것은 간단해 보이지만, 그 앞의 층에 있는 뉴런에서 이 오류를 계산하는 것은 쉽지 않은 일이다. 신경망을 훈련하는 표준적인 방법은 네트워크의 각 뉴런에 대해 오차를 계산하고 비중-업데이트 규칙을 적용해서 네트워크 안의 비중들을 바꾸는 **역전파 알고리즘**backpropagation algorithm 을 이용하는 것이다.[7] 역전파 알고리즘은 지도형 기계학습 알고리즘으로서, 각 인스턴스에 대해 입력값과 목표 속성 값이 모두 있는 훈련용 데이터 세트가 필요하다. 훈련은 네트워크의 각 연결에 비중을 무작위로 배정하면서 시작한다. 그 다음 신경망이 원하는 성능을 보일 때까지 반복적으로 데이터 세트에 있는 훈련용 인스턴스의 값을 네트워크에 입력해서 비중을 업데이트한다. 이 알고리즘의 이름(역전파)은 신경망에 각 훈련용 인스턴스 값을 넣을 때마다 출력 층에 나오는 오차가 전 단계에서 어떻게 이어져온 것인지 그 앞의 각 층으로 차례대로 전달(또는 역전파)해보는 특징에서 따왔다. 알고리즘의 주요 단계는 다음과 같다.

1. 출력 층에 있는 뉴런의 오차를 계산한 뒤 비중-업데이트 규칙을 이용해서 이 뉴런으로 들어오는 연결의 비중을 업데이트한다.

2. 계산된 오차를 연결된 전 층의 뉴런들에게 뉴런 사이 연결의 비중에 따라 나눠서 전달한다.

3. 전 층에 있는 각 뉴런에 대해서 해당 뉴런으로 역전파된 오차들을 모두 합해 총 오차를 계산하고, 이 결과를 이용해서 이 뉴런들로 들어오는 연결의 비중을 업데이트한다.

4. 2와 3단계 과정을 최초 입력 뉴런과 첫 층의 숨겨진 뉴런들에 도달할 때까지 반복해서 전체 네트워크의 비중을 업데이트한다.

역전파에서 각 뉴런에 대한 비중 업데이트는 훈련 인스턴스를 늘려갈수록 나타나는 뉴런들의 오차를 점차 줄이되 완전히 없애지는 못하게 되어 있다. 그 이유는 신경망 훈련의 목표가 새 인스턴스가 들어왔을 때에도 좋은 결과가 나오도록 일반화하는 것이지 단지 훈련용 데이터를 기억하는 데 있는 것이 아니기 때문이다. 그러니까 각 비중 업데이트는 전체 데이터 세트에 대해 전반적으로 더 나은 결과를 내는 방향으로 신경망을 살짝 밀 뿐이다. 그리고 신경망은 이 과정이 반복될수록 훈련용 인스턴스의 특성보다는 데이터 전체의 일반적인 분포를 포착할 수 있는 비중을 흡수하게 된다. 역전파 일부 버전의 경우 개별 훈련 인스턴스가 들어올 때마다 업데이트를 하기보다 일정 수의 인스턴스(인스턴스의 한 회분)가 투입된 뒤에 비로소 업데이트를 하기도 한다. 이 버전의 다른 점이라면 알고리즘이 출력 층의 비중-업데이트를 하기 위한 오류를 측정할 때 한 회분 전체 오류의 평균을 이용한다는 점뿐이다.

지난 10년 사이 있었던 가장 흥미로운 기술 발전 가운데 하나는 딥러닝의 등장이다. 심층신경망 네트워크Deep-learning networks는 쉽게 말해 여러[8] 층의 숨겨진 뉴런이 있는 신경망이다. 심층이라고 하는 이유는 숨겨진 층의 숫자가 많기 때문이다. 그림 15의 신경망은 층이 다섯 개다. 왼쪽에 세 개의 뉴런으로 구성된 입력 층, 세 개의 숨겨진 층(검은 동그라미), 그리고 오른쪽에 두 개의 뉴런으로 구성된 출력 층이 있다. 이 그림은 각 층이 서로 다른 숫자의 뉴런으로 구성될 수도 있다는 점도 보여준다. 입력 층은 세 개의 뉴런으로 되어 있고 첫 번째 숨겨진 층은 다섯 개, 다음 두 숨겨진 층은 네 개, 그리고 출력 층은 두 개의 뉴런으로 되어 있다. 이 신경망은 또 출력 층에 여러 개의 뉴런이 있을 수 있다는 점도 보여준다.

목표 속성이 명확하게 구분되는 명목형 자료거나 순서형 자료인 경우 여러 출력 뉴런을 쓰면 유용하다. 이런 경우 출력 뉴런 하나를 목표 속성의 구분 결과 하나와 연결해서 신경망이 입력을 받을 때마다 출력 층에서 하나의 뉴런이 높게 활성화되도록(그래서 목표 속성을 예측하도록) 훈련시키게 된다.

앞에 살펴본 신경망처럼 그림 15의 신경망도 완전히 연결돼

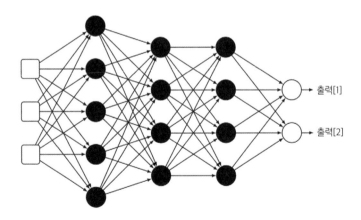

그림 15 신층 신경망의 예.

있는 피드-포워드 네트워크이다. 그렇다고 모든 신경망이 완전히 연결된 피드-포워드 네트워크인 것은 아니다. 지금까지 무수히 많은 신경망 위상 구조(토폴로지)가 개발됐다. 예를 들어 순환신경망recurrent neural networks, RNNs은 다음 입력값을 처리하는 동안에 한 입력값의 결과를 전 단계의 뉴런에 되먹이는 루프를 도입했다. 이 루프는 각 입력값을 앞에서 처리했던 전 입력값과 연결되는 맥락에서 처리할 수 있는 기억의 기능을 신경망에게 부여한다. 이 때문에 순환신경망은 언어처럼 순서가 있는 데이터를 처리할 때 적절하다.[9] 다른 잘 알려진 심층신경망 구조는 합성곱 신경망convolutional neural network, CNN이다. 합성곱 신경망은 원래 이미지 데이터 처리를 위해 설계됐다(Le Cun 1989). 이미지 인식 신경망은 찾고자 하는 시각적 특징이 이미지의 어떤 곳에서 나타나든 상관없이 인식할 수 있어야 한다. 예를 들어, 얼굴 인식 신경망이라면 이미지의 오른쪽 위에 있든, 정중앙에 있든 눈의 모양이 나타나기만 하면 그것을 인식할 수 있어야 한다. 합성곱 신경망은 입력값들에 주는 비중치가 모두 같은 한 무리의 뉴런을 이용해 이 문제를 해결한다. 이들의 입력치 비중 세트는 자신을 통과하는 픽셀들 사이에 특정 시각적 특징이 있을 때 참값을 반환하는 하나의 함수의 역할을 한다. 이 말은 이 비중을 공유하는 각 뉴런 그룹은 특정한 시각적 특징을 판별해내도록 학습할 수 있으며, 그룹 안의 한 뉴런이 그 특징에 대한 감지기처럼 작동한다는 뜻이다. 합성곱 신경망에서 한 그룹 안의 각 뉴런은 이미지의 서로 다른 위치를 살펴보도록 배열되어 이미지 전체를 커버할 수 있다. 그 덕분에 찾고자 하는 시각적 특징이 이미지 어디에서 나오더라도 그룹의 뉴런 중 하나가 그것을 발견할 수 있는 것이다.

심층신경망의 힘은 합성곱 신경망의 특징 감지기처럼 유용한 속성을 자동적으로 학습할 수 있다는 데서 온다. 심층신경망 기술은 가끔 표현 학습representation learning이라고 불리기도 하는데 왜냐하면 심층신경망의 핵심이 날 것의 입력 데이터로부터 목표 속성을 예측하는 것보다 예측력이 더 우수한 입력 데이터의 새로운 표현형식을 학습해버리는 데 있기 때문이다. 신경망의 각 뉴런은 뉴런으로 들어오는 값을 새 출력값으로 연결하는 하나의 함수를 정의하고 있다. 따라서 신경망 첫 번째 층의 뉴런들은 원 입력값(예컨대 키나 몸무게)을 더 나은 다른 입력 속성(체질량지수)으로 매핑하도록 배울 수 있는 것이다. 그런데 두 번째 층의 뉴런들은 첫 번째 층의 이 산출값들을 받아서 이보다 더 유용한 속성들로 또 변환하도록 학습한다. 입력값을 새 속성으로 매핑하고 이 새 속성을 입력값으로 다른 새 함수에 집어넣는 과정은 신경망 전체에 반복되며, 신경망이 깊으면 깊을수록 원 입력값을 새로운 속성으로 표현하는 매우 복잡한 변환까지 익힐 수 있는 것이다. 심층신경망이 (이미지나 텍스트 처리 같은)

고차원의 입력값들과 관련된 일을 정확하게 처리할 수 있는 것은, 입력 데이터를 이렇게 유용한 표현 속성으로 매핑하는 복잡한 과정을 자동으로 배울 수 있는 능력 덕분이다.

신경망을 더 깊게 만들수록 데이터의 보다 복잡한 매핑까지 배울 수 있다는 사실이 알려진 지는 오래됐다. 그런데 최근에야 딥러닝이 부상하게 된 이유는 비중의 무작위 초기설정과 역전파 알고리즘의 결합이라는 표준적인 조합 방법이 심층신경망에선 잘 작동하지 않았었기 때문이다. 역전파 알고리즘의 문제점 가운데 하나는 오차를 반대 방향으로 층마다 배당하다 보면 심층신경망의 경우 초반 층에 도달할 때쯤엔 그 오차 추정치라는 게 별 쓸모가 없어진다는 점이다.[10] 이 때문에 신경망의 앞부분은 데이터 변환에 유용한 지식을 그다지 배우지 못하는 것이다. 그러나 지난 몇 년 동안 역전파 알고리즘의 이런 문제를 해결할 수 있는 새로운 종류의 뉴런과 적응 기술을 연구자들이 개발했다. 또 신경망의 초기 비중을 어떻게 섬세하게 설정해야 이 문제에 도움이 되는지도 알게 됐다. 심층신경망 훈련을 어렵게 만들었던 다른 두 요소는 컴퓨터 연산력이 많이 필요하다는 점과 훈련용 데이터가 많아야 심층신경망이 잘 작동한다는 점이었다. 하지만 이미 앞서 이야기했듯이 최근 몇 년 사이 가용한 컴퓨터 연산력과 큰 데이터 세트가 모두 눈에 띄게 증가하면서 심층신경망을 쓸 만한 것으로 바꿔놓았다.

의사결정 나무

선형회귀와 신경망은 입력값이 숫자형일 때 가장 잘 작동한다. 하지만 만약 데이터 세트의 입력 속성들이 주로 명목형이거나 순서형이면 의사결정 나무와 같은 다른 기계학습 알고리즘과 모델이 사용하기 더 적절하다.

　의사결정 나무는 일련의 '만약 어떠하다면, 또는if then, else'의 규칙을 나무 구조로 짜서 만든다. 그림 16은 어떤 전자우편이 스팸인지 아닌지에 대한 의사결정 나무를 표현한 것이다. 모서리가 둥근 사각형들은 속성에 대한 검사를 뜻하는 노드이며 사각형은 그에 따른 결정 또는 분류를 의미하는 노드다. 이 의사결정 나무는 다음과 같은 규칙으로 짜여 있다. 만약 누군지 모르는 사람으로부터 온 전자우편이면, 그것은 스팸이다. 만약 누군지 모르는 사람으로부터 온 것은 아니지만 수상한 단어가 들

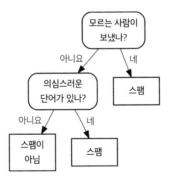

그림 16　전자우편이 스팸인지 아닌지 결정하는 의사결정 나무.

어 있으면 그것은 스팸이다. 누군지 모르는 사람으로부터 온 것도 아니고 수상한 단어가 들어 있지도 않으면 그것은 스팸이 아니다.

의사결정 나무에선 하나의 인스턴스가 들어오면 나무의 가장 위에서부터 결정이 시작돼 나무를 타고 내려오면서 그 인스턴스의 속성들에 대한 검사가 진행된다. 나무의 각 노드는 하나의 속성에 대한 검사를 뜻하며, 인스턴스는 해당 속성에 대한 검사 결과 값에 따라 레이블이 매겨진 뒤 그에 맞는 가지를 따라서 노드에서 노드로 점차 아래로 진행하게 된다. 인스턴스는 종료 레이블(잎leaf이라고도 한다)까지 내려오면 마지막 결정을 맞는다.

의사결정 나무의 뿌리로부터 잎까지 도달하는 각 경로는 연속하는 검사를 통해 인스턴스를 분류하는 하나의 분류 규칙이다. 의사결정 나무를 통한 학습 알고리즘의 목표는 목표 속성에서 같은 값을 가지는 인스턴스들로 데이터 세트를 나누는 분류의 법칙을 찾는 것이다. 만약 이 분류 법칙이 데이터 세트를 같은 목표 속성 값을 갖는 하위 세트들로 분류할 수 있고, 이 규칙이 (나무 구조의 경로를 타고 내려가는) 새로운 사례에서도 그대로 적용된다면, 새로운 사례가 들어왔을 때 목표 속성에 대한 정확한 예측 값은 나무에 의해 같은 하위 세트로 분류된 다른 인스턴스들의 목표 속성 값과 같을 것이라는 게 의사결정 나무의 아이디어다.

의사결정 나무 학습용 현대 기계학습 알고리즘 대부분의 조상은 ID3 알고리즘ID3 algorithm이다(Quinlan 1986). ID3는 뿌리 노드로부터 시작해 깊이를 최우선으로 하는 반복적인 방식으로 노드를 한 번에 하나씩 추가해 의사결정 나무를 만든다. 시작은 검사할 속성 하나를 뿌리 노드에 추가하는 것이다. 가지는 검사하는 속성의 값별로 뻗어나가며 그 값을 따라 레이블이 달린다. 예를 들어, 노드의 검사 속성이 이진법 값을 갖는다면 여기서 내려가는 가지는 두 갈래가 되는 식이다. 데이터 세트는 이에 따라 나뉘는데, 데이터 세트의 모든 인스턴스는 검사하는 속성의 값에 따라 레이블이 매겨져서 이 가지 가운데 하나로 내려가게 된다. ID3는 그 다음에도 뿌리 노드에서 이뤄진 처리와 마찬가지로 검사할 속성을 정하고, 가지에 노드를 추가하고, 인스턴스를 연결된 가지로 내려보내는 식으로 데이터를 분류한다. 이 과정은 목표 속성에 대한 값이 같은 인스턴스가 모두 같은 가지로 분류될 때까지 계속되고, 끝으로 모든 인스턴스가 목표 속성 값에 따라 분류되는 종료 노드가 나무에 추가되면서 끝난다.[11]

ID3는 순수한pure 세트(목표 속성에 대해 같은 값을 갖는 인스턴스들의 세트)를 만들기 위해 필요한 검사의 수를 최소화하는 방식으로 각 노드에서 어떤 속성을 검사할지 선택한다. 어떤 세트의 이런 순수도를 측정하는 방법 가운데 하나는 클로드 섀넌Claude Shannon의 엔트로피 측정법이다. 한 세트가 가질 수 있는 엔트로피 최소값은 0인데, 순수한 세트의 엔트로피 값이 바로 0이다. 한 세트의 가능한 엔트로피 최대값은 그 세트의 크기와 세트 안에 있는 요소가 얼마나 서로 다른 종류 값으로 되어 있느냐에 달려 있다. 어떤 세트에 있는 요소들의 값이 모두 서로 다른 종류라면 엔트로피는 최대값을 갖는다.[12] ID3는 노드에서 어떤 속성을 검사할지 고를 때 그 속성으로 데이터 세트를 나눴을 경우 각 하부 세트의 엔트로피 평균이 가장 낮게 되는 속성부터 선택한다. 어떤 속성의 가중을 부여한 평균 엔트로피는 다음과 같은 순서로 구한다. (1)데이터 세트를 그 속성을 이용해 나눈다. (2)나눈 결과 나오는 각 세트들에 대해 각각 엔트로피를 구한다. (3)각 엔트로피에 전체 데이터 개수 대비 해당 세트 안의 데이터 개수 비율을 곱한다. (4)결과를 합한다.

표 3은 각 전자우편의 몇 개 속성과 스팸인지 아닌지 속성의 값을 표시한 표이다. '첨부' 속성은 첨부가 있는 경우 참이고, 없는 경우 거짓이다(이 사례에서 첨부가 있는 전자우편은 하나도 없다).

'의심스러운 단어' 속성은 미리 정의되어 있는 의심스러운 단어 리스트 가운데 하나 이상의 단어가 전자우편에 나오는 경우 참이다. '모르는 발신자' 속성은 만약 전자우편의 발신자가 수신자의 주소록에 없는 사람이면 참이다. 이 데이터 세트가 그림 16의 의사결정 나무를 훈련시킬 때 쓰인 세트라고 하자. 이 데이터 세트에서 '첨부', '의심스러운 단어', '모르는 발신자' 등은

표 3 전자우편 데이터 세트: 스팸인가 아닌가?

첨부	의심스러운 단어	모르는 발신자	스팸
거짓	거짓	참	참
거짓	거짓	참	참
거짓	참	거짓	참
거짓	거짓	거짓	거짓
거짓	거짓	거짓	거짓

입력 속성이며 '스팸'은 목표 속성이다. '모르는 발신자' 속성은 다른 속성에 비해 데이터 세트를 더 순수한 세트들(한 세트는 전부 '스팸=참'이고 다른 세트는 다수가 '스팸=거짓'으로 나뉜다)로 나눈다. 따라서 '모르는 발신자' 속성이 뿌리 노드에 놓이게 된다(그림 17).

첫 번째 분류 뒤에 오른쪽 가지로 간 모든 인스턴스는 목표 속성에 대해 같은 값(스팸=참)을 갖고 있다. 하지만 왼쪽 가지에 있는 인스턴스들은 목표 속성에 대해 다른 값을 가지고 있다. 왼쪽 가지의 인스턴스를 '의심스러운 단어' 속성에 대한 검사로 나누면 두 개의 순수한 세트, 즉 하나는 '스팸=거짓', 다른 하나는 '스팸=참'으로 나뉘게 된다. 따라서 '의심스러운 단어'를 검사용 속성으로 선택해 왼쪽 가지에 새 노드로 달게 된다(그림 18). 이 지점에서 각 가지의 끝에 있는 부분 데이터 세트들은 모두 순수하

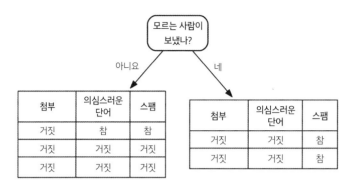

그림 17 나무에서 뿌리 노드 만들기.

므로, 알고리즘은 종료되고 그림 16에 나오는 의사결정 나무 모델을 반환한다.

의사결정 나무의 강점 가운데 하나는 이해하기 쉽다는 것이다. 동시에 매우 정확한 모델을 만드는 것도 가능하다. 예를 들어, 훈련용 데이터의 일부 표본들로 각각 의사결정 나무를 훈련시켜 여러 개 나무를 만들고, 어떤 질의가 있을 때 이 나무들 가운데 다수의 나무가 내놓는 예측을 채택하는 방식으로 랜덤 포레스트 모형random-forest model이라는 것을 만들어낼 수 있다. 의사결정 나무는 명목형과 순서형 데이터에선 잘 작동하지만 숫자형 데이터에선 그렇지 못하다. 의사결정 나무에서 각 노드는 검사하는 속성의 값에 따라 인스턴스를 각각 다른 가지로 분기해서 내려보낸다. 그런데 숫자형 속성의 경우 이렇게 나눌 수

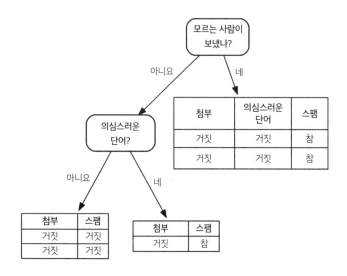

그림 18 나무에 두 번째 노드 추가하기.

있는 값의 종류가 무한하기 때문에 나무에 무한한 가지가 뻗어 가게 되는 것이다. 이 문제에 대한 한 가지 해결책은 숫자형 속성을 명목형 속성으로 바꾸는 것이지만, 이 경우 나누는 적절한 기준을 정의해야 하는데 그것도 쉬운 일은 아니다.

끝으로 의사결정 나무의 학습 알고리즘은 반복해서 데이터 세트의 데이터를 나눌수록 나무가 커지게 되는데, 이에 따라 잡음(예컨대 레이블이 잘못 달려 있던 훈련 데이터의 인스턴스 등)에 더 민감해지게 된다. 나무가 크면 각 가지에서 나뉘는 부분 집합은 점점 더 작아지고, 이들에 대한 분류 규칙이 의존하고 있는 사

148

레들도 더 작아진다. 분류 규칙을 정의하는 데이터 표본이 작아질수록, 그 규칙은 작은 잡음에도 더 민감해지는 것이다. 이 때문에 의사결정 나무의 깊이는 얕게 하는 것이 좋다. 어떤 가지에서 인스턴스의 숫자가 미리 정해준 기준치(예를 들어, 최소 인스턴스 20개)보다 작아지면 가지가 더 자라지 못하도록 막는 것도 한 방법이다. 다른 방법은 자라나도록 허용하되 나중에 잘라내는 것이다. 이 경우 나무에서 잎에 가까운 부분의 분기 가운데 무엇을 제거할 것인지는 일반적으로 이를 확인하기 위해 특별한 방법으로 선택된 인스턴스들에 대해 통계적 검사나 모델의 성능 점검 등을 하여 결정된다.

데이터 과학의 편향

기계학습의 목표는 데이터 세트를 적절히 일반화하는 모델을 만드는 것이다. 기계학습 알고리즘이 데이터 세트로부터 일반화(또는 모델)를 도출하는 데 기여하는 두 개의 주요 요소가 있다. 첫째는 알고리즘이 돌아가는 데이터 세트다. 만약 데이터 세트가 대상 집단을 잘 대표하지 못하면, 알고리즘이 만들어내는 모델이 정확할 리 없다. 예를 들어, 앞서 우리는 한 개인이 2형 당뇨병에 걸릴지에 대해서 그의 체질량지수를 바탕으로 예측하는 회귀 모델을 만든 바 있다. 이 모델은 미국 백인 남성의 데이터 세트로 만들었다. 그렇기 때문에 이 모델은 여성이나 민족적 배경이 다른 사람들에게 적용했을 때 정확한 예측을 하지 못할 것이다. 어떤 데이터 세트를 선택하는지가 통계적 분석이나 기계학습을 이용한 예측 모델 생성과 같은, 그 이후의 분석에 어떤 편향을 가져오는지를 뜻하는 말이 표본 편향sample bias 이다.

데이터 세트로 모델을 만들 때 영향을 주는 두 번째 요소는 사용할 기계학습 알고리즘의 선택이다. 세상에는 수많은 기계학습 알고리즘이 있고, 이들은 모두 다른 방법으로 데이터 세트를 일반화한다. 알고리즘이 코드로 만드는 일반화의 유형을 학습 편향learning bias(또는 모델링이나 선택 편향modeling or selection bias)이라고 부른다. 예를 들어, 선형회귀 알고리즘은 데이터를 선형으로 일반화하는 것을 코드로 표현하기 때문에, 그 데이터를 비선형 관계로 일반화하는 것이 더 적절하다 해도 그런 가능성을 무시한다. 보통 편향은 안 좋은 것이라고들 한다. 예컨대 표본 편향은 데이터 과학자가 피해야 하는 편향이다. 하지만 학습 편향이 없으면 학습도 할 수 없으며, 알고리즘이 하는 일이란 그저 데이터를 그대로 기억하는 것에 불과하게 된다.

기계학습 알고리즘은 저마다 서로 다른 방식의 패턴을 찾으려 하고 그에 따라 편향되어 있으며 모든 상황에 다 맞는 학습 편향이란 없다. 따라서 최고의 기계학습 알고리즘 같은 것도 존재하지 않는다. 가능한 모든 데이터 세트에 대해서 다른 알고리즘에 비해 평균적으로 우월한 성능을 내는 최고의 알고리즘 따위는 없다는 뜻에서 '공짜 점심은 없다no free lunch' 정리(Wolpert and Macready 1997)라는 게 있을 정도다. 따라서 크리스프-디엠 공정에서 모델링 단계는 보통 서로 다른 알고리즘을 이용해 여러 개 모델을 만들고 이 가운데 최선의 모델을 찾는 과정이 되는 것이다. 실제로 이 과정은 주어진 데이터 세트와 업무에서 어떤 학습 편향이 평균적으로 최선의 모델을 만들어내는지 검증하는 과정이다.

모델 평가하기: 암기가 아닌 일반화

일단 데이터 세트에 대해 실험할 기계학습 알고리즘들이 정해지고 나면, 데이터 과학자가 할 다음 중요 업무는 이 알고리즘들이 만들어내는 모델들을 어떻게 평가할 것인지 계획을 세우는 것이다. 검사 계획의 목표는 모델이 아직 본 적 없는 데이터에 대한 성능을 실질적으로 측정할 수 있는 평가가 되는지 확인하는 것이다. 단순히 받은 데이터 세트를 암기하는 예측 모델은 새 사례들을 받았을 경우 검사 점수가 좋지 않아야 할 것이다.

데이터를 암기만 하는 경우의 문제점 가운데 하나는 대부분의 데이터 세트에는 잡음이 있다는 점이다. 데이터를 암기하는 데 불과한 예측 모델은 데이터 안의 잡음까지 암기하게 된다. 또 다른 문제점은 예측이라는 문제를 단지 정해진 표에서 필요한 부분을 찾아보는 정도의 문제로 단순화시켜버리고, 훈련용 데이터를 통해 새 사례에 적용할 수 있는 일반화된 지식을 어떻게 추출하는가라는 중요한 문제는 건드리지도 못한다는 점이다.

검사 계획은 데이터 세트를 어떻게 훈련용과 검사용으로 나눌 것인가란 문제와도 관련이 있다. 데이터 세트는 서로 다른 두 개의 목적으로 쓰여야 한다. 첫 번째 목적은 최적의 모델을 만들어내는 알고리즘을 찾아내는 것이다. 두 번째 목적은 이 최적 모델의 일반화 성능을 검증하는 것으로, 즉 이 모델이 본 적 없는 데이터에 대해 얼마나 잘 작동하는지를 확인하는 용도다. 모델을 검증하는 황금률은 훈련에 썼던 데이터를 검증에는 결코 써선 안 된다는 것이다. 훈련과 모델 검증에 같은 데이터를 쓰는 것은 시험이 있기 전날에 반 학생들에게 시험 문제를 내주는 것과 같다. 당연히 이 학생들은 시험을 매우 잘 보겠지만, 그 점수가 학생들의 수업 이해도를 반영한다고 보긴 어렵다. 마찬가지로 훈련에 썼던 데이터와 같은 데이터로 어떤 모델이 검사를 받으면 그 검사 결과는 모델의 실제 성능에 비해 양호하게 나올 수밖에 없다. 모델이 훈련 중에 검사용 데이터를 훔쳐보지 못하게 하는 표준적인 방법은 데이터 세트를 훈련용 세트, 확인용 세트, 검사용 세트 셋으로 나누는 것이다. 나누는 비율은 프로젝트에 따라 다르지만 50:20:30이나 40:20:40이 일반적으로 쓰인다. 데이터 세트의 크기가 그 비율을 정하는 중요 요소다. 일반적으로 데이터 세트가 클수록 검사용 세트도 커진다. 훈련용 세트는 최초 모델들을 훈련시키기 위해 쓰인다. 확인용 세트는 이 모델들이 본 적 없는 데이터에 대해 어느 정도 성능을 내는지 비교하기 위해 쓰인다. 최초 모델들의 성능을 확인용 세트로 비교하면 어떤 알고리즘이 최고의 모델을 만들어내는지 알수 있다. 최고의 알고리즘이 정해지고 나면 훈련용과 확인용 세트를 하나로 합쳐 더 큰 훈련용 세트를 만들고, 선택한 알고리즘에 이 데이터 세트를 넣어서 최종 모델을 만들어낸다. 이런 주의사항에 따라 문제없이 진행되고 나면 끝으로 검사용 세트를 이용해 최종 모델이 못 봤던 데이터에 어느 정도의 일반화 성능을 내는지 측정할 수 있다.

  검사 계획의 다른 중요 부분 가운데 하나는 검사에 사용할 적합한 평가 척도를 선택하는 것이다. 일반적으로 모델의 평가는 산출하는 결과가 검사용 세트에 있는 실제 값과 얼마나 일치하는지에 기반을 둔다. 만약 목표 속성이 숫자형 값이면 모델의 예측치와 실제 값 사이 오차의 세곱 합이 징확도를 측정하는 한 방법이다. 목표 속성이 명목형이나 순서형일 때 정확도를 측정하는 가장 간단한 방법은 모델이 검사용 세트에 대해 정확히 예측한 비율을 계산하는 것이다. 하지만 경우에 따라선 오차에 대한 별도의 분석을 평가에 포함하는 게 필요하다. 예를 들어 모델이 의료 진단에 쓰이는 경우라면 건강한 사람을 아프다고 진단하는 오차보다 아픈 사람을 건강하다고 진단하는 오차가 훨씬 심각한 문제다. 전자의 경우는 그 사람이 진찰을 받는 중에 오류가 발견될 수 있지만, 후자의 경우 아픈 환자가 적절한 진료도 받지 못하고 집으로 돌아갈 수 있기 때문이다. 따라서 이런 종류의 모델에 대한 평가 척도는 특정 오류에 가중치를 더 많이 주어서 모델의 성능을 측정하는 것이 맞다. 이렇게 검사 계획까지 만들어지면, 모델의 훈련과 평가를 시작할 준비가 끝난 것이다.

요약

이 장은 데이터 과학이 데이터 과학자와 컴퓨터 사이 일종의 파트너십이라는 점을 강조하면서 시작했다. 기계학습은 큰 데이터 세트에서 모델을 생성하는 여러 알고리즘을 제공한다. 하지만 이런 모델이 유용한지에 대한 판단은 데이터 과학자의 전문지식에 달려 있다. 데이터 과학 프로젝트가 성공하기 위해선 우선 데이터 세트가 해당 영역을 충실히 반영해야 하며 또 관련 높은 속성들을 포함해야 한다. 데이터 과학자는 무엇이 최선의 모델을 만들어내는지 알아내기 위해 다양한 기계학습 알고리즘을 평가해봐야 한다. 모델의 평가 과정에서는 훈련에 썼던 데이터를 검증에 다시 사용해선 안 된다는 황금률을 지켜야만 한다.

현재 대부분의 데이터 과학 프로젝트에서 어떤 모델을 쓸지 선택하는 가장 중요한 기준은 모델의 정확도다. 하지만 가까운 미래에는 데이터 사용과 프라이버시에 대한 규제가 기계학습 알고리즘 선정에 영향을 미치게 될 것이다. 예를 들어 유럽연합은 2018년 5월 25일부터 일반 데이터 보호 규정General Data Protection을 발효했다. 데이터 사용과 연관되는 이런 규정에 대해 6장에서 다루겠지만, 지금은 우선 이 규정의 조항 가운데 일부가 자동화된 의사결정 공정에 관해 '설명 받을 권리'를 강제하고 있다는 점을 언급하고 싶다.[13] 설명 받을 권리가 내포하고 있는 의미는 신경망과 같이 모델이 내린 결론을 해석하기 어려운 경우 이런 모델을 개인과 관련된 의사결정에 쓰는 것은 문제가 될 수 있다는 점이다. 이런 조건에선 의사결정 나무와 같이 투명하고 설명이 쉬운 모델을 쓰는 것이 더 적절할 수 있다.

끝으로, 세상은 변하지만 모델은 그렇지 않다는 점을 기억하자. 데이터 세트의 구축, 모델 훈련, 모델 평가라는 기계학습 공정에는 미래도 과거와 같을 것이라는 가정이 포함되어 있다. 이런 가정을 정상성 가정stationarity assumption이라고 하는데, 모델화된 어떤 과정 또는 행동이 시간이 지나도 예전 그대로일 것이라는(즉 변하지 않을 것이라는) 가정이다. 데이터 세트는 과거에 있었던 관측의 반영이기 때문에 본질적으로 역사적이다. 그러니까 기계학습 알고리즘이란 미래에도 일반화해서 적용할 수 있을지 모르는 어떤 패턴을 과거에서 찾는 도구라고 할 수 있다. 물론 이런 가정이 늘 맞는 것은 아니다. 시간이 지남에 따라 과정이나 행동이 변할 수 있다는, 즉 표류한다는 사실을 데이터 과학자들은 개념의 표류concept drift라는 말로 표현한다. 유행에 뒤떨어진 모델은 다시 훈련받아야 하고, 크리스프-디엠 공정을 나타낸 그림 4에서 바깥쪽 원이 데이터 과학이란 반복되는 과정이라고 강조하고 있는 이유도 바로 여기에 있다. 모델 적용 이후 단계에는 모델이 구닥다리가 되지 않도록 하는 과정이 포함되어야 하며, 그렇게 된 경우에는 반드시 다시 학습해야 한다. 이런 결정의 큰 부분은 자동화할 수 없으며 인간의 통찰력과 지식이 필요하다. 컴퓨터는 주어진 질문에 대한 답은 잘하지만, 잘 관리하지 않으면 질문을 잘못 잡기가 십상이다.

5
표준적인 데이터 과학 업무

데이터 과학자의 가장 중요한 기술 가운데 하나는 현실 세계의 문제를 표준적인 데이터 과학 업무의 틀에 잘 맞추어 넣는 것이다. 대부분의 데이터 과학 프로젝트는 다음 같은 네 가지 일반적인 분류 가운데 하나에 속한다.

- 군집화 (또는 세분화)
- 이상 (또는 아웃라이어) 탐지
- 연관 규칙 마이닝
- 예측 (분류의 하위문제와 회귀까지 포함)

프로젝트의 목표를 확실히 이해하고 있으면 프로젝트 도중 판단해야 하는 많은 문제를 쉽게 결정할 수 있다. 예를 들어, 예측 모델을 훈련시킬 경우 데이터 세트의 각 인스턴스는 모두 목표 속성의 값을 가지고 있어야 한다. 따라서 프로젝트의 목표가 예측에 있다는 것을 알면 데이터 세트를 설계할 때 (요구 사항을 통해) 어떤 지침을 주어야 하는지 나온다. 또 임무를 이해하면 어떤 기계학습 알고리즘을 써야 하는지도 나온다. 수많은 기계학습 알고리즘이 있지만, 각 알고리즘은 특정한 데이터 마이닝 임무를 목적으로 설계되어 있다. 예를 들어 의사결정 나무 모델을 만드는 기계학습 알고리즘은 주로 예측 임무를 위해 설계되어 있는 식이다. 기계학습 알고리즘과 임무 사이에는 다대일 관계가 있기 때문에 임무가 무엇인지 안다고 정확히 어떤 알고리즘을 써야 되는지 정해지는 것은 아니지만, 그 임무를 위해 설계된 한 무리의 알고리즘으로 대상을 좁힐 수는 있다. 데이터 과학 임무가 데이터 세트 설계와 기계학습 알고리즘 선택 양쪽에 영향을 미치기 때문에 프로젝트가 어떤 임무를 목표로 하는지에 대한 결정은 프로젝트 주기에서 이른 시점에 이뤄져야 한다. 이상적으로는 크리스프-디엠 라이프 사이클 가운데 비즈니스에 대한 이해 단계에서 이뤄지는 게 좋다. 이 장에선 이런 임무 각각을 이해하기 위해 전형적인 비즈니스 문제들이 어떤 임무와 어떻게 연결되는지 살펴보겠다.

우리의 고객은 누구인가? (군집화)

비즈니스에서 데이터 과학이 가장 자주 쓰이는 영역 가운데 하나는 마케팅과 판매 캠페인에 대한 지원 부문이다. 맞춤형 마케팅 캠페인을 설계하기 위해선 표적 고객을 잘 이해해야 한다. 대부분 사업은 다양한 고객을 갖고 있기 때문에 고객의 큰 세그먼트 전체를 대상으로 한 획일화된 접근은 실패하기 쉽다. 더 좋은 접근법은 고객들의 다양한 성격이나 프로필을 구분해 확인하고, 고객의 주요 세그먼트와 각각이 어떻게 연결되는지 파악한 뒤, 각 성격에 맞춘 마케팅 캠페인을 진행하는 것이다. 이런 성격을 어떻게 구분해야 하는지는 해당 영역의 전문가가 할 수 있는 일이지만, 일반적으로 고객에 대해 갖고 있는 데이터를 바탕으로 하는 것이 좋다. 고객에 대한 인간의 직관은 종종 뚜렷이 드러나지 않는 중요 세그먼트를 놓치거나, 섬세한 마케팅에 필요한 촘촘한 구분을 제공하지 못할 수 있기 때문이다. 예를 들어, 메타 S. 브라운(Meta S. Brown 2014)은 잘 알려진 '사커맘soccer mom'(자신의 아이들을 축구나 다른 운동 등에 참여시키기 위해 많은 시간을 들이는 미국의 교외 거주 주부 집단) 집단에 대한 고정관념이 실제 고객 집단과 잘 맞지 않았던 한 데이터 과학 프로젝트에 대해 보고한 바 있다. 당시 데이터를 중심으로 한 군집화 공정을 거치자 보다 자세한 고객군의 성격이 나타났다. 어린 아이들을 어린이집에 맡기고 집 밖에선 풀타임 일을 하는 엄마, 고등학생 정도 되는 아이를 두고 파트타임 일을 하는 엄마, 아이는 없지만 음식과 건강에 관심이 많은 엄마 등이다. 이런 고객군 성격은 마케팅 캠페인의 목표를 보다 분명히 정의할 수 있게 해주며 전에는 잘 알려져 있지 않던 고객 세그먼트를 드러내 준다.

이런 분석에 대한 데이터 과학의 표준 접근법은 문제를 군집화clustering 임무라는 틀로 보는 것이다. 군집화는 데이터 세트의 인스턴스를 서로 비슷한 인스턴스끼리의 하위 그룹으로 분류하는 것이다. 군집화는 보통 나누고 싶은 하위 그룹의 개수를 결정하는 것부터 시작한다. 이 결정은 도메인 지식이나 프로젝트의 목표에 따라서 정해진다. 그 다음 군집화 알고리즘은 원하는 하위 그룹의 숫자를 알고리즘의 한 매개변수로 받아서 데이터를 돌린다. 알고리즘은 인스턴스들을 속성 값들의 유사도에 따라 묶어서 원하는 수의 하위 그룹을 만들어 낸다. 알고리즘이 군집을 만들고 나면 해당 도메인의 인간 전문가가 이들 군집이 유의미한지 검토한다. 마케팅 캠페인 설계의 경우 이런 그룹이 합리적으로 고객군의 성격을 반영하고 있는지, 전에 생각지 못했던 새로운 성격을 찾아냈는지 등을 확인하는 것도 검토에 포함된다.

고객을 군집화하기 위해 쓸 수 있는 속성은 매우 다양하겠지만, 전형적인 예로는 인구통계학적 정보(나이, 성별 등), 지역 정보(우편번호, 지역 또는 도심의 주소 등), 거래 정보(어떤 상품이나 서비스를 구매한 적이 있는지), 그들을 통해 기업이 올리는 수익, 얼마나 오래 우리의 고객이었는지, 고객 카드 제도가 있다면 가입 회원인지, 상품을 반송하거나 서비스에 대한 불만을 표시한 적이 있는지 등이 있다. 다른 모든 데이터 과학 프로젝트와 마찬가지로 군집화에서 가장 큰 도전은 최고의 결과를 얻기 위해 어떤 속성을 포함하고 어떤 속성을 제외해야 하는지 결정하는 일이다. 실험이 반복될 때마다 그리고 각 반복의 결과에 대한 인간의 분석이 있을 때마다 어떤 속성을 선택할지 계속 결정한다.

군집화에 대한 가장 널리 알려진 기계학습 알고리즘은 k-평균k-means 알고리즘이다. 이름의 k란 알고리즘이 데이터에서 k개의 군집을 찾는다는 것을 뜻한다. k값은 미리 정해지며 시행착오 과정에서 보통 여러 값으로 실험을 해보게 된다. k-평균 알고리즘은 데이터 세트에서 고객을 묘사하는 속성이 모두 숫자형 값을 갖고 있다고 가정한다. 만약 데이터 세트가 숫자형이 아닌 값을 가지고 있는데 k-평균을 쓰려면 이들 속성의 값을 숫자형으로 치환해주거나 비숫자형 값을 다룰 수 있도록 알고리즘을 수정해야 한다. 알고리즘은 각 고객을 점구름(산점도) 상 하나의 점으로 간주한다. 점구름에서 고객의 위치는 그의 프로필 속성 값에 따라 결정된다. 알고리즘의 목표는 점구름에서 각 군집의 중심 위치가 어디인지 찾아내는 것이다. k개의 군집이 있다고 가정했으므로 k개의 군집 중심(또는 평균)이 있어야 한다.

　k-평균 알고리즘은 최초에 k개의 인스턴스를 군집의 중심이라고 가정하는 것부터 시작한다. 초기 군집 중심을 선택하는 가장 모범적인 방법은 'k-평균++'라는 알고리즘이다. k-평균++의 바탕에 있는 논리는 초기 군집 중심을 가능한 멀리 뿌려놓는 것이 좋다는 것이다. 즉 k-평균++의 첫 번째 군집 중심은 인스턴스 가운데 무작위로 선택된 한 인스턴스가 된다. 두 번째 군집 중심은 첫 번째 군집 중심으로부터 각 인스턴스가 떨어진 거리의 제곱을 구하고, 그 값에 비례하는 확률을 부여해서 하나를 뽑는 방식으로 정해진다. 그리고 다음 군집 중심은 첫 번째와 두 번째 가운데 가장 가까운 것으로부터 거리를 구하고 마찬가지 방식으로 확률을 부여한 뒤 하나를 뽑는 식으로 계속 정해간다. 모든 k 군집의 초기 중심이 결정되고 나면 알고리즘은 두 단계 공정을 반복하면서 작동한다. 첫째, 각 인스턴스를 가장 가까운 군집의 중심에 배정한다. 둘째, 배정된 인스턴스들의 가운데가 군집 중심이 되도록 중심을 새로 옮긴다. 반복의 첫 번째 단계에서 인스턴스는 k-평균++ 알고리즘에 의해 정해진 군집 중심 가운데 가장 가까운 것들에 배정되며, 그 다음 단계에서 군집의 중심이 배정된 인스턴스들 가운데로 이동하게 된다. 군집의 중심이 옮겨지면 어떤 인스턴스와 중심은 더 가까워지고

어떤 것과는 멀어진다(원래 군집의 중심으로 배정 받았던 인스턴스들도 중심이 바뀌면 중심과 거리가 멀어질 것이다). 그 다음 업데이트된 새 군집 중심 가운데 가장 가까운 곳으로 모든 인스턴스들이 다시 배정된다. 어떤 인스턴스는 기존에 배정된 같은 군집에 그대로 남아 있을 것이고, 어떤 인스턴스는 새 군집 중심으로 배정될 것이다. 이런 인스턴스 배정과 군집 중심 업데이트 과정은 새 군집 중심으로 배정되는 인스턴스가 없어질 때까지 계속된다. k-평균 알고리즘은 비결정적 알고리즘인데, 군집의 중심으로 배정되는 인스턴스의 시작점이 달라질 때마다 최종 생산되는 군집의 결과가 달라질 수 있는 알고리즘이라는 뜻이다. 이 때문에 일반적으로 이 알고리즘을 여러 번 돌린 뒤, 어떤 군집이 데이터 과학자가 지닌 도메인 지식과 이해를 고려했을 때 가장 합리적인지 서로 다른 결과들을 비교해 결정하게 된다.

군집이 고객군의 성격을 파악하기 유용한 것으로 판단되면, 이 군집들에는 각 성격의 주요 특징을 반영하는 이름이 붙게 된다. 각 군집의 중심은 서로 다른 고객 성격을 정의하는데, 이들 성격은 각 속성에 대한 군집 중심의 값이 잘 묘사한다. k-평균 알고리즘으로 도출되는 군집들이 모두 같은 개수의 데이터를 갖고 있는 것은 아니다. 사실 다른 크기의 군집들을 도출할 가능성이 더 높다. 군집의 크기는 유용한 정보를 제공하는데, 마케팅에 가이드를 줄 수 있기 때문이다. 예를 들어, 군집화 과정은 현재 마케팅 캠페인이 놓치고 있는 작지만 집중되어 있는 어떤 고객 군집을 찾아낼 수 있다. 또는 수익의 큰 부분을 내고 있는 특정 고객 군집에 초점을 맞춘 다른 전략을 세울 수도 있다. 어떤 마케팅 전략을 도입하든, 기반 고객의 군집을 이해하는 것은 성공의 선결 조건이다.

분석 접근법으로 군집화가 갖는 장점 가운데 하나는 대부분 종류의 데이터에 적용할 수 있다는 것이다. 이런 융통성 덕분에 군집화는 많은 데이터 과학 프로젝트의 데이터 이해 단계에서 데이터 탐사 도구로도 자주 쓰인다. 군집화는 도메인 영역도 가리지 않아 여러 부문에서 유용하다. 예를 들어, 어떤 수업에서 추가적인 도움이 필요하거나 다른 학습법이 필요한 학생 군을 찾아내는 데에도 군집화가 쓰일 수 있다. 또는 말뭉치에서 비슷한 문서의 그룹을 찾아내는 데에도 쓰일 수 있으며, 생물정보학의 미세배열(마이크로어레이. DNA, 단백질, 세포 등을 집적시켜놓은 현미경 슬라이드 - 옮긴이) 분석에서 유전자 염기서열을 분석할 때도 쓰인다.

이거 사기 아니야? (이상 탐지)

이상 탐지 또는 극단값(아웃라이어) 분석은 데이터 세트에서 전형적인 데이터의 규칙을 따르지 않는 인스턴스를 찾거나 탐지하는 작업을 말한다. 이렇게 규칙에서 벗어난 사례를 보통 이상anomalies 또는 극단값outliers이라고 부른다. 이상 탐지는 사기 활동일 가능성이 있는 금융 거래를 분석하거나, 조사를 개시할 대상을 정하는 데 쓰이곤 한다. 예를 들어, 의외의 장소에서 쓰인 거래 내역 또는 평소에 비해 이상하게 많은 액수가 쓰인 경우 등을 바탕으로 수상한 신용카드 거래에 대해 이상 탐지를 통해 밝혀낼 수 있다.

이상 탐지를 위해 대부분 회사가 전형적으로 쓰는 첫 접근법은 이런 이상한 일을 밝혀온 해당 분야(도메인) 전문가를 통해 여러 개 규칙을 수동으로 정의하는 것이다. 이런 규칙 세트는 종종 구조화된 질의 언어(SQL) 또는 다른 컴퓨터 언어로 정의되며, 기업 데이터베이스나 데이터 창고에 있는 데이터에 이 규칙을 적용해 돌리는 경우도 있다. 이 때문에 일부 프로그래밍 언어는 이런 식의 규칙을 코딩하는 특별한 명령어들을 도입하기 시작하였다. 예를 들어, 데이터베이스 SQL에 도입된 MATCH_RECOGNIZE라는 함수가 있는데, 이는 데이터에서 패턴을 찾아내는 기능을 한다. 신용카드 사기에서 일반적인 패턴은 이 카드를 훔친 도둑이 처음에 싼 상품을 하나 사서 이 카드가 사용 가능한 것인지 확인하고, 거래가 성사되면 카드가 취소되기 전에 재빠르게 비싼 물건을 사는 형태다. 데이터베이스 개발자는

SQL의 MATCH_RECOGNIZE 함수를 이용해서 어떤 카드의 거래 내역이 이런 패턴을 보일 때 그 카드를 자동으로 정지하거나 신용카드 회사에 경고를 보내는 프로그램을 짤 수 있다. 시간이 흐르면서 점점 많은 이상 거래가 발견되면-예컨대 고객이 이상 거래라고 보고하는 경우-이상 거래를 탐지하는 이런 규칙은 점점 확장되어 다른 새 인스턴스도 찾아낼 수 있다.

규칙에 기반하는 이런 이상 탐지 접근법의 가장 큰 단점은 이상한 사건이 발생해서 회사의 주의를 끈 뒤에야 유사한 사건을 발견할 수 있다는 점이다. 대부분의 조직에게 이상을 발견하는 가장 바람직한 방식은 이런 사건이 최초 발생했을 때나 또는 발생한 뒤 아직 보고도 되지 않았을 때 먼저 발견하는 것이다. 이상 탐지는 몇 가지 측면에서 군집화의 반대 공정이다. 군집화의 목적은 비슷한 인스턴스의 집단을 찾아내는 데 있는 반면, 이상 탐지의 목적은 데이터 세트에서 나머지 데이터와 다른 인스턴스를 찾아내는 데 있다. 이렇게 보면 이상 데이터를 찾아내는 데에 군집화를 사용할 수 있다는 것을 직관적으로 알 수 있다. 이상 탐지에 군집화를 쓰는 접근법에는 두 가지가 있다. 첫 번째는 일반 데이터와 이상 기록을 각각 하나의 군집으로 묶는 방식이다. 이상 기록을 포함하는 군집은 작을 것이고 데이터의 대부분을 차지하는 큰 군집과 분명하게 구분될 것이다. 두 번째 접근법은 각 인스턴스와 군집의 중심 사이의 거리를 측정하는 방법이다. 어떤 인스턴스가 군집의 중심으로부터 멀면 멀수록 조사가 필요한 이상 기록일 가능성도 높아진다.

이상을 탐지하는 다른 접근법은 의사결정 나무와 같은 예측 모델을 훈련시켜서 어떤 인스턴스가 이상인지 아닌지 분류하도록 하는 것이다. 하지만 그런 모델을 훈련하려면 보통 이상 기록과 일반 기록을 모두 포함하는 훈련용 데이터 세트가 필요하다. 이때 훈련용 세트에 이상 기록이 단지 몇 개에 불과하면 안 된다. 일반적인 예측 모델을 훈련시키려면 데이터 세트는 각 분류 집단에 대해 상당한 숫자의 인스턴스를 가지고 있어야 한다. 참 또는 거짓의 이진법 분류의 경우 데이터가 각각 50:50으로 균형이 잡혀 있는 것이 가장 이상적이다. 하지만 이상 탐지를 위해서 이런 식의 데이터를 얻는 것은 일반적으로 불가능하다. 정의상, 이상이라는 것은 흔하지 않은 사건을 말하며 데이터에서 1 또는 2퍼센트 이하의 경우들이기 때문이다. 이런 데이터의 제약 때문에 일반적이고 이미 만들어진 예측 모델은 맞지 않는 것이다. 하지만 이런 이상 탐지용 데이터 세트의 전형적인 불균형을 다루기 위해 설계된 단일집단 분류기one-class classifiers라는 기계학습 알고리즘이 있다.

단일집단 서포트 벡터 머신one-class support-vector machine, SVM 알고리즘은 잘 알려진 단일집단 분류기다. 단일집단 SVM 알고리즘은 일반적으로 데이터에서 하나의 단위(즉 하나의 집단)를 찾아보고 그 핵심 특징과 인스턴스의 행동 패턴을 찾아낸 다음 각 인스턴스가 핵심 특징과 행동 패턴으로부터 얼마나 비슷한지 또는 다른지 표시한다. 이 정보는 더 자세한 조사가 필요한(즉 이상한 기록인) 인스턴스들을 찾아내는 데 쓰일 수 있다. 어떤 인스턴스가 핵심 특징과 많이 다를수록 조사해봐야 할 이유도 커진다.

'이상'이란 흔하지 않은 일이기 때문에 놓치기 쉽고 찾기 어렵다. 따라서 데이터 과학자는 종종 이상을 탐지하기 위해 여러 다른 모델을 결합해 사용한다. 그 바탕에는 서로 다른 모델은 서로 다른 종류의 이상을 잡아낼 수 있다는 생각이 있다. 이런 모델은 비즈니스가 이미 알고 있는 여러 이상 행동 규칙의 보완재로서 쓰이는 것이 일반적이다. 서로 다른 모델을 서로 결합하면 각 모델의 예측 결과를 받아들여서 최종 예측을 내놓는 의사 결정 관리 솔루션을 만들어낼 수 있다. 예를 들어 네 모델 가운데 단 하나에서 어떤 거래가 사기성이 짙다고 판단했다면, 결정 시스템은 이 사례가 진짜 사기 사례는 아니라고 결정하고 그냥 무시할 수도 있다. 반대로 네 모델 가운데 세 개가 어떤 거래를 사기일 가능성이 있다고 판단하면 거래는 이상으로 표시되고 데이터 과학자가 더 자세한 조사를 벌일 수 있다.

이상 탐지는 신용카드 사기뿐 아니라 여러 도메인의 다양한 문제에 쓰일 수 있다. 보다 일반적으로 클리어링 하우스(서로 다른 시스템이나 기기를 연결하여 통합적으로 인증이나 과금 등을 처리하는 정산소 또는 네트워크 솔루션 – 옮긴이)에서 사기나 자금 세탁으로 의심돼 보다 자세한 조사가 필요한 금융 거래를 탐지하는 데 쓸 수 있다. 보험사에서 일반적인 보험금 지급 요청과 다른 요청을 찾아내는 보험금 지급 요청 분석에도 쓰인다. 사이버 보안 영역에선 해킹이나 직원의 비정상적 행동 등을 탐지해서 네트워크 침입을 발견하는 데 쓸 수 있다. 의료 영역에선 의료 기록에서 이상을 탐지해 질병을 진단하거나, 어떤 치료가 인체에 미칠 영향 등을 연구하는 데 유용하다. 끝으로 센서가 범람하여 다양하게 쓰이고 있는 사물 인터넷 기술 영역에선, 데이터를 모니터링하다 센서에 이상이 발생해 조치가 필요한 경우 이를 알려야 할 때 이상 탐지가 중요한 역할을 할 수 있다.

감자튀김도 필요하세요? (연관 규칙 마이닝)

교차판매, 즉 어떤 물건을 사는 고객에게 그 물건과 같이 살 법한 관련 또는 보완 상품을 함께 권하는 것은 판매 분야의 기본 전략이다. 고객이 더 많은 상품을 사도록 유도함으로서 총 매출을 늘리고, 사야 했는데 깜빡하고 있는 상품을 상기시킴으로서 고객 서비스도 향상시킨다는 것이 이 전략의 아이디어다. 교차

판매의 고전적인 예는 어떤 손님이 햄버거 가게에서 햄버거를 시켰을 때 종업원이 "감자튀김도 필요하세요?"라고 묻는 것이다. 슈퍼마켓이나 소매업 분야는 고객이 상품을 묶음으로 산다는 정보를 이용해 이런 교차판매를 구축한다. 예를 들어, 핫도그를 사는 고객은 케첩 또는 맥주를 함께 살 가능성이 있다. 가게는 이런 정보를 상품 진열에 활용할 수 있다. 핫도그, 케첩, 맥주를 서로 가까운 곳에 두면, 핫도그와 케첩, 맥주를 함께 사고 싶었던 고객이 혹시 까먹었을 경우 핫도그를 사면서 이를 보고 다른 상품도 장바구니에 담으면서 가게 매출이 향상되는 것이다. 상품 사이에 이런 연관성을 이해하는 것이 교차판매의 기본이다.

연관 규칙 마이닝은 함께 자주 일어나는 항목들의 묶음을 찾아내는 비지도 데이터 분석 기술이다. 연관성 마이닝의 전형적인 예는 핫도그, 케첩, 맥주처럼 소비자가 함께 구매하는 상품을 찾아내려 하는 소매 회사의 장바구니 분석market-basket analysis이다. 이런 데이터 분석을 하려면 각 고객이 매장을 방문할 때마다 어떤 상품의 집합(장바구니)을 사는지 알고 있어야 한다. 이 데이터 세트의 각 행은 특정 고객이 특정 시기에 매장을 찾았을 때 장바구니에 담은 상품들이다. 즉 데이터 세트의 각 속성이 매장이 판 제품이 되는 셈이다. 연관 규칙 마이닝은 이 데이터를 가지고 장바구니에 함께 나타나는 제품들을 찾는다. 데이터 세트의 인스턴스(행) 사이에 유사성이나 차이점을 찾는 군집화나 이상 탐지와 달리 연관 규칙 마이닝은 속성(열) 사이 관계에 주목한다. 일반적으로 연관 규칙 마이닝은 동시에 발생하는 정도를 통해 측정하는 상품 사이 연관성을 살펴본다. 비즈니스는 연관 규칙 마이닝을 이용해 이미 가지고 있는 데이터로부터 고객 행동에 대한 궁금증을 해소할 수 있다. 장바구니 분석을 통해 답을 구할 수 있는 질문으로는, 우리 마케팅 캠페인이 잘 되고 있나? 이 고객의 구매 패턴이 바뀌었나? 이 고객의 삶에 큰 변화가 있었나? 제품의 진열 위치가 구매 행동에 영향을 미쳤나? 이 신상품은 누구를 목표로 삼아야 하는가? 등이 있다.

아프리오리Apriori 알고리즘은 연관 규칙을 밝히는 데 쓰이는 대표적인 알고리즘이다. 이 알고리즘은 두 단계로 작동한다.

1. 미리 정한 최소 빈도 이상으로 함께 발생하는 항목들의 모든 조합을 찾는다. 이 조합들을 빈번한 항목세트frequent itemsets라고 한다.
2. 빈번한 항목세트 안에서 동시 발생의 확률을 표현하는 일반적인 규칙을 만들어낸다. 아프리오리 알고리즘은 빈번한 항목세트 안에 어떤 한 항목 또는 항목들이 있을 때, 다른 항목이 함께 나타날 확률을 계산해낸다.

아프리오리 알고리즘은 빈번한 항목세트 안에서 항목들 사이에 확률적 관계를 표현하는 연관 규칙을 만든다. 연관 규칙은 '만약 선행 조건이 있으면, 결과가 나타난다IF antecedent, THEN consequent'라는 형식으로 표현된다. 이는 선행 조건이라는 어떤 항목 또는 항목의 그룹이 있으면 같은 장바구니 안에 다른 항목, 즉 결과가 어떤 확률로 나타난다는 뜻이다. 예를 들어 빈번한 항목세트로부터 A, B와 C라는 항목에 대한 규칙은 만약 A와 B가 어떤 거래에 포함되어 있으면 C도 함께 포함되어 있을 확률에 대한 명제로 표현된다.

IF {핫도그, 케첩}, *THEN* {맥주}.

이 규칙은 어떤 고객이 핫도그와 케첩을 사면 맥주도 함께 사는 규칙을 표현하고 있다. 연관 규칙 마이닝의 힘을 보여주는 사례로 자주 언급되는 것이 맥주-기저귀 사례로, 1980년대 미국의 한 슈퍼마켓이 초기 컴퓨터 시스템을 이용하여 계산대의 데이터를 분석하면서 기저귀와 맥주 사이에 특이한 연관성을 찾아냈다. 이 규칙을 설명하기 위해 개발된 가정은 어린 자녀가 있는 가족의 경우 주말을 대비한 물건을 살 때 기저귀와 함께 집에서 친구와 어울리기 위한 준비도 함께 한다는 것이다. 이 상점은 두 상품을 서로 옆에 비치했고 판매는 급증했다. 맥주와 기저귀 이야기는 이후에 그 출처가 불분명하다는 점이 밝혀졌지만, 여전히 연관 규칙 마이닝이 소매업에 얼마나 도움이 될 수 있는지 잘 보여주는 사례로 쓰인다.

연관 규칙은 두 개의 중요한 통계적 척도와 관련이 있는데 바로 지지도support와 신뢰도confidence이다. 연관 규칙에서 지지도 비율, 즉 전체 거래 가운데 선행 조건과 결과를 모두 포함하고 있는 거래의 비율은 규칙의 항목들이 얼마나 자주 같이 등장하는지 표시한다. 한편 신뢰도 비율, 즉 선행 조건을 포함하고 있는 거래 가운데 선행 조건과 결과를 모두 포함하고 있는 거래의 비율은 선행 조건이 발생한다는 전제 아래에서 결과가 발생할 확률을 나타낸다. 예를 들어 핫도그와 케첩, 맥주의 사례에서 신뢰도가 75퍼센트라면 핫도그와 케첩을 산 고객이 맥주도 함께 살 확률이 75퍼센트라는 뜻이다. 지지도 점수는 단순히 데이터 세트 가운데 규칙이 대상으로 하는 장바구니의 비율을 뜻할 뿐이다. 예컨대 지지도 5퍼센트라는 뜻은 데이터 세트의 전체 장바구니 데이터 가운데 규칙이 말하는 '핫도그, 케첩, 맥주'를 모두 포함하는 바구니가 5퍼센트라는 뜻이다.

작은 데이터 세트 안에서도 여러 개의 연관 규칙이 나올 수 있다. 이 때문에 규칙 분석의 복잡성을 조절하기 위해 지지도와 신뢰도가 모두 높은 규칙들로만 결과를 제한하는 것이 보통이다. 지지도나 신뢰도가 높지 않은 결과는 별로 유용하지 않은 데, 규칙이 전체 바구니 가운데 매우 작은 부분에 대한 것이거나(낮은 지지도) 또는 선결 조건과 결과 항목 사이의 관계가 낮기(낮은 신뢰도) 때문이다. 흔하거나 설명이 불가능한 규칙도 빼는 게 맞다. 흔한 규칙이란 해당 사업 도메인에 있는 누구라도 알 정도로 뻔하거나 널리 알려진 규칙을 말한다. 설명이 불가능한 규칙이란 그 규칙을 회사에 유용한 정책으로 전환하기 어려울 정도로 이해가 안 되는 이상한 규칙을 말한다. 설명 불가능한 규칙은 이상한 데이터 표본(거짓된 관계를 규칙이 대표하는 경우) 때문인 경우가 많다. 뺄 규칙들을 정리해야 데이터 과학자가 어떤 상품이 서로 연관되어 있으며 이 정보를 조직에 어떻게 활용할 수 있는지에 대한 분석에 착수할 수 있다. 조직은 보통 이 정보를 매장 진열이나 고객에 대한 맞춤형 마케팅 캠페인 등에 이용한다. 이런 캠페인에는 웹사이트에 올리는 추천 상품, 매장 내 광고, 광고우편, 계산대 직원에 의한 다른 제품의 교차판매 시도 등이 포함된다.

연관 마이닝은 장바구니 데이터를 고객에 대한 인구통계학적 데이터와 결합했을 때 더 강력해진다. 이것이 그토록 많은 소매 회사들이 고객 카드 제도를 운영하는 이유이다. 고객 카드는 서로 다른 여러 상품 구매 바구니가 하나의 같은 고객으로 연결된다는 것을 밝혀줄 뿐 아니라 그 장바구니를 고객의 인구통계학적 데이터와도 연결시켜준다. 이런 인구통계학적 정보를 연관 분석에 포함하면 마케팅이나 맞춤형 광고를 위해 특정 인구에 초점을 맞춘 분석을 수행할 수 있다. 예를 들어 인구통계에 기반을 둔 연관 규칙을 아직 구매 습관 정보는 없지만 인구통계학적 정보는 가지고 있는 새 고객에게 적용할 수 있는 것이다. 인구통계학적 정보로 강화된 연관 규칙의 예는 다음과 같다.

IF 성(남성) *and* 나이(<35) *and* {핫도그, 케첩}, *THEN* {맥주}.

[지지도 = 2%, 신뢰도 = 90%.]

연관 규칙 마이닝의 전형적인 활용 영역은 쇼핑 장바구니에 무슨 제품이 들어가 있고 무슨 제품은 들어가 있지 않은지에 대한 분석이다. (연관 규칙의) 제품들이 한 번의 매장 또는 웹사이트 방문 때 동시에 팔린다고 가정하는 것이다. 이런 추정은 대부분의 소매업과 다른 비슷한 경우에도 잘 맞는 편이다. 연관 규칙 마이닝은 꼭 소매업이 아니더라도 다양한 영역에서 유용하게 쓰일 수 있다. 예를 들어 통신업계의 경우 통신 회사는 연관 규칙 마이닝을 적용해 어떤 서로 다른 상품을 묶어서 패키지로 만드는 게 좋은지 알 수 있다. 보험업계에선 보험 상품과 보험금 청구 사이에 어떤 관계가 있는지 연관 규칙 마이닝으로 알아볼 수 있다. 의료 분야에선 기존에 있던 치료법이나 약과 새로운 것 사이에 어떤 상호작용이 있는지를 알아볼 수 있다. 은행과 금융 서비스의 경우 고객이 전형적으로 어떤 금융 상품을 가지고 있고 이런 상품 구성이 새 고객이나 다른 기존 고객에게도 적용될 수 있는지에 쓰인다. 연관 규칙 마이닝은 또 시간의 흐름에 따른 구매 행동의 변화를 분석하는 데도 쓰일 수 있다. 예를 들어, 오늘 X와 Y라는 제품을 산 고객이 3개월 뒤에는 Z라는 제품을 사는 경향이 있다고 하자. 이때 이 제품들은 3개월이라는 기간을 두고 있는 하나의 장바구니에 있다고 가정할 수 있다. 연관 규칙 마이닝을 이렇게 시간 개념을 넣어 정의한 바구니로 확대해 적용하면 응용 범위가 점검 스케줄, 부품 교체 시기, 서비스 요청 전화나 금융 상품 등으로 넓게 확장된다.

이탈이냐 아니냐, 그것이 문제로다 (분류)

고객 관계 관리의 기본 업무 가운데 하나는 개별 고객이 언제 어떤 행동을 취할 것인가를 예측하는 일이다. 이를 성향 모델링propensity modeling이라고 부르곤 하는데, 왜냐면 어떤 고객이 어떤 행동을 취할 성향을 모델화하는 것이 그 목표이기 때문이다. 여기서 행동은 마케팅에 대한 반응부터 채무 불이행, 서비스 이용 중지까지 무엇이든 될 수 있다. 서비스를 떠날 고객을 찾아내는 능력은 휴대전화 서비스 회사와 같은 곳에 특히 중요하다. 휴대전화 서비스 회사가 새 고객을 유치하려면 상당한 액수의 돈이 들어간다. 구체적으로 새 고객을 유치하는 데 드는 총 비용은 기존 고객을 유지하는 것에 비해 5배에서 6배 정도 많이 드는 것으로 추정된다(Verbeke et al. 2011). 이 때문에, 많은 휴대전화 서비스 회사들이 그들의 고객을 유지하는 데 매우 간절하다. 하지만 동시에 그들은 그 비용도 최소화하고 싶다. 즉 모든 고객에게 일일이 전화를 걸어 요율을 깎아주고 놀라운 기기 업그레이드 서비스를 해주면 고객을 유지하기 쉽긴 하겠지만, 현실적으로 쉬운 선택은 아니다. 그들은 대신 가까운 미래에 떠날 것 같은 고객만 대상으로 하여 이런 것들을 권하고 싶은 것이다. 만약 떠나기 직전인 고객들만 찾아내 업그레이드나 새로운 요금 패키지를 제공해서 머무르도록 설득할 수만 있으면, 새로운 고객을 찾아서 끌어오는 데 드는 큰 비용과 기존 고객을 유혹하는 데 드는 작은 비용의 차이만큼을 절약할 수 있다.

고객 이탈customer churn이라는 말은 고객이 한 서비스를 떠나서 다른 서비스로 옮겨가는 것을 뜻한다. 어떤 고객이 가까운 미래에 우리 서비스를 버릴지 예측하는 문제를 이탈 예측churn prediction이라고 한다. 이름이 말해주듯, 이것은 예측 업무이다. 어떤 고객이 이탈할 위험이 있는지 없는지를 분류하는 예측 업무인 것이다. 통신업계, 각종 공급 서비스업계, 은행, 보험과 그 밖의 많은 기업들이 이런 분석을 통해 이탈 고객을 예측하고 있다. 또 어떤 직원이 특정 기간 동안 회사를 떠날 것인지 예측하는 직원 이직률 또는 직원 이탈에 대한 예측을 하는 기업도 점차 늘어나고 있다.

예측 모델이 입력 인스턴스에 레이블을 붙이거나 범주를 나누는 일을 할 때 그 모델을 분류 모델classification model이라고 한다. 분류 모델을 훈련하기 위해선 인스턴스별로 표적 사건이 일어났는지 안 일어났는지 분류가 되어 있는 과거 데이터가 있어야 한다. 예를 들어, 고객 이탈 분류를 위해선 각 고객(각 행이 개별 고객이 된다)별로 그 고객이 이탈했는지 안했는지 레이블이 달린 데이터 세트가 있어야 한다. 각 고객별로 달린 이 레이블을 데이터 세트의 목표 속성target attribute이라고 한다. 이탈 레이블을 기록에 붙이는 것이 상대적으로 간단한 고객도 있다. 예를 들어 고객이 기업에 연락해 분명하게 가입이나 계약 중지를 밝힌 경우다. 하지만 이탈이 분명하게 알려지지 않는 경우도 있다. 예컨대 모든 휴대전화 고객이 월간 계약을 하는 건 아니다. 어떤 고객은 통화 포인트가 필요할 때마다 불규칙적인 간격으로 자신의 계정을 채우는 선불제 계약을 할 수도 있다. 이런 방식으로 계약하는 고객이 언제 이탈하는지 정의하긴 어렵다. 2주 동안 계약을 안 했으면 이탈했다고 봐야 할까 아니면 계정에 0포인트가 남았고 3주 동안 아무 행동을 취하지 않았으면 이탈이라고 봐야 할까? 이 경우 이탈 발생은 사업적 관점에서 정의 되어야 하며, 데이터 세트의 각 고객에게 레이블을 붙이기 위해 선 이 정의를 코드로 변환하는 과정이 필요하다.

이탈 예측 모델을 훈련시키기 위한 데이터 세트를 구축하기 가 어려운 이유 가운데 하나는 시간 차이를 고려해야 한다는 점 이다. 이탈 예측 모델의 목표는 어떤 고객이 미래의 어떤 시점 에 이탈할 성향(또는 가능성)을 모델화하는 것이다. 따라서 이런 모델은 데이터 세트를 만들 때 시간 차원을 포함해야 한다. 성 향 모델 데이터 세트의 속성은 두 가지 구분되는 시점을 가지고 있어야 하는데, 관측 시기observation period와 산출 시기outcome period이다. 관측 시기는 입력 속성의 값들이 계산된 때를, 산출 시기는 목표 속성이 계산된 때를 말한다. 고객 이탈 모델을 만 드는 사업적 목적은 고객이 이탈하기에 앞서 어떤 개입, 즉 고 객이 서비스를 계속 유지하도록 하는 유인책을 쓰는 데 있다. 다시 말하면 이런 예측은 반드시 고객이 실제로 떠나기 전에 앞 서서 이뤄져야 한다는 뜻이다. 이 기간이 바로 산출 시기의 길 이이며, 이탈 모델은 실제 어떤 고객이 이 산출 기간 내에 떠날 예측값을 반환한다. 예를 들어, 회사가 얼마나 빨리 개입하고자 하는지에 따라 고객이 한 달 안에 떠날 여부를 예측하는 모델을 만들지, 또는 두 달 안에 떠날 여부를 예측하는 모델을 만들지 가 결정되는 것이다.

산출 기간에 대한 결정은 모델이 입력값으로 어떤 데이터를 써야 하는지에도 영향을 미친다. 만약 모델이 고객에 대한 기록을 돌려서 얻은 때로부터 2개월 안의 결과를 예측하도록 설계하려면, 이미 이탈한 고객의 과거 데이터를 입력 속성으로 훈련을 시킬 때 이 고객이 떠나기 2개월 전 시점에 활용 가능했던 데이터만 이용해서 훈련을 시켜야 한다. 현재 고객에 대한 입력 속성도 떠난 고객의 2개월 전 활동 데이터를 산출했던 것과 같은 방식으로 산출되어야 한다. 이런 식으로 데이터 세트가 만들어져야 이탈 고객과 현재 고객을 포함한 데이터 세트 안의 모든 인스턴스가 모델이 설계하고자 하는 개별 고객의 여정 중 같은 시점, 이 경우에는 이탈 또는 유지를 결정하기 2개월 전을 똑같이 묘사하고 있다는 것이 확실해진다.

거의 모든 고객 성향 모델이 나이, 성별, 직업 등 고객의 인구통계학적 정보를 활용할 것이다. 지속적인 서비스와 관련되는 사례인 경우 고객 생애 주기, 즉 서비스 가입 초기, 굳건한 중기, 계약이 끝나가는 시기 가운데 고객의 현재 위치가 어디쯤 되는지 나타내는 속성이 포함될 가능성도 높다. 업계에 특수한 속성도 역시 포함될 것이다. 예를 들어, 전기통신업계의 고객 이탈 모델은 고객의 평균 청구액, 청구액의 변화, 평균 사용량, 사용량이 가입 플랜의 한도 내에 있는지 초과하는지, 같은 통신사 내부 통화와 다른 통신사로 연결되는 통화의 비율, 사용하는 전화기의 종류 등의 속성이 포함된다.[1] 하지만 각 모델이 쓰는 구체적인 속성은 프로젝트마다 다르다. 고든 린오프와 마이클 베리(Gordon Linoff and Michael Berry 2011)는 한국의 한 이탈 예측 모델의 경우, 사용 전화기에 따른 고객의 이탈율(즉 관측 기간 동안 특정 전화기를 가지고 있는 고객의 몇 퍼센트가 이탈하였는가?) 속성을 포함한 것이 유용했다고 보고한 바 있다. 하지만 이들이 이와 비슷한 고객 이탈 모델을 캐나다에서 만들려고 하자 전화기/이탈률 속성은 별 쓸모없는 것으로 나타났다. 한국 휴대전화 서비스 회사는 새 고객이 새로운 전화기를 살 때 할인을 크게 해주지만, 캐나다에서는 기존 고객이나 새 고객이나 비슷한 수준의 할인을 해주기 때문이다. 한국에선 유행이 지난 전화기를 가진 고객이 이런 할인을 받기 위해 한 회사에서 다른 회사로 옮기면서 전체적으로 이탈이 높아졌지만 캐나다에서는 그런 유인이 없었던 것이다.

레이블이 달린 데이터 세트가 만들어지고 나면 다음 중요 단계는 기계학습 알고리즘을 이용해 분류 모델을 구축하는 것이다. 모델링 단계에선 여러 기계학습 알고리즘으로 어떤 알고리즘이 데이터 세트에서 최고의 결과를 내놓는지 실험 해보는 것이 좋다. 최종 모델이 결정되면 모델 훈련 단계에서 쓰지 않은 데이터 세트 하부 집단의 새 인스턴스로 이 모델의 예측 정확도를 측정해본다. 만약 이 모델이 충분히 정확하고 비즈니스 필요를 충족한다면, 이 모델을 일괄 처리(배치 프로세싱)나 실시간 처리 방식으로 새 데이터에 적용해 도입하게 된다. 모델 적용에서 정말 중요한 부분은 적절한 업무 절차와 자원을 배치해 모델을 효과적으로 활용하는 것이다. 모델의 예측 결과를 토대로 고객 이탈 전에 개입하고 유지하는 공정이 마련되지 않는다면 애초 고객 예측 모델을 만들 이유가 없을 것이다.

예측 모델은 분류 레이블을 예측하는 것 외에 이 모델이 얼마나 신뢰성 있는 예측을 하는지 측정하는 데에도 쓰일 수 있다. 이런 측정값을 예측 확률prediction probability이라고 하며 0부터 1사이 값을 갖는다. 값이 클수록 예측이 맞을 확률이 높다. 예측 확률 값은 어떤 고객에 우선 초점을 맞출지 결정하는 데 쓰일 수 있다. 예를 들어, 어떤 회사는 고객 이탈 예측에서 떠날 확률이 가장 높은 고객에 집중하고 싶을 수 있다. 예측 확률 값을 이용해 떠날 고객을 정렬하면, 회사는 (가장 떠날 가능성이 높은) 핵심 고객들에 먼저 초점을 맞춘 뒤, 낮은 예측 확률 점수의 고객으로 이동할 수 있다.

그 비용이 얼마나 될까? (회귀)

가격 예측은 특정 시점에 어떤 제품의 가격이 얼마가 될지 추정하는 업무다. 제품은 자동차, 집, 1배럴의 석유, 주식, 의료시술 등 무엇이든 될 수 있다. 무언가의 가격을 정확히 예측할 수 있는 능력은 그 물건을 사려고 하는 누구에게나 분명히 가치가 있다. 가격 예측 모델의 정확도는 영역에 따라 다르다. 예를 들어, 주식 시장은 변동성 때문에 내일의 가격을 예측하기가 매우 어렵다. 반면 경매에서 집값을 예측하기는 상대적으로 쉬운데 주택 가격은 주식에 비해 훨씬 천천히 변동하기 때문이다.

가격 예측은 연속형 속성의 값을 추정하는 것이기 때문에 회귀 문제regression problem에 해당한다. 회귀 문제는 구조적으로 분류 문제와 매우 비슷하다. 두 솔루션 모두 입력 속성 세트로부터 없는 속성의 값을 예측하는 모델을 구축하는 방식으로 문제를 해결한다. 유일한 차이는 분류가 범주형 속성의 값을 추정한다면 회귀는 연속형 속성의 값을 추정한다는 점뿐이다. 회귀 분석에는 과거 시점의 인스턴스들(데이터의 행 또는 사례)이 모두 목표 속성의 값을 가지고 있는 데이터 세트가 필요하다. 4장에서 소개된 다중 입력 선형회귀 모델이 회귀 모델의 기본적인 구조를 잘 보여주는데 대부분의 다른 회귀 모델은 접근 방법만 다를 뿐이다. 가격 예측을 위한 회귀 모델의 기본 구조는 적용 대상이 되는 제품이 무엇이든 상관없이 비슷하다. 다른 점은 속성의 이름과 숫자일 뿐이다. 예를 들어 주택 가격을 예측하기 위해선 집의 크기, 방의 개수, 층의 개수, 같은 지역의 주택 평균 가격, 같은 지역 주택 평균 크기 등과 같은 속성이 입력에 포함될 것이다. 반면 자동차의 가격을 예측하기 위해선 차의 연식, 주행기록계에 찍힌 주행거리, 엔진 크기, 제조사, 차문 개수 등의 속성이 포함될 것이다. 각각의 경우 데이터만 적절히 주어지면 회귀 알고리즘은 각 속성이 최종 가격 결정에 얼마나 기여하는지를 산출해낼 것이다.

이 장에서 제시한 다른 모든 사례들처럼 가격 예측을 위해 회귀 모델을 사용한 예를 들자면, 회귀 모델 업무 틀에 맞추어넣기 적절한 형태의 현실 문제가 무엇인지 제시하는 정도로 충분할 것이다. 회귀 예측은 현실 세계의 매우 다양한 분야에 쓰일 수 있는데, 전형적인 회귀 예측 문제로는 수익, 매출의 가치와 양, 어떤 것의 크기, 수요, 거리, 적정 사용량 등을 예측하는 것 등이 있다.

6
프라이버시와 윤리

오늘날 데이터 과학이 마주하고 있는 가장 큰 미지의 문제는, 개인 및 소수자의 자유와 프라이버시, 그리고 사회 안보와 이익 둘 사이 균형을 어떻게 잡을 것이냐는 오래된 질문의 새로운 버전에 어떤 답을 내놓아야 하는가이다. 이 오래된 질문은 데이터 과학의 관점에서 이렇게 볼 수 있다. 테러와의 전쟁, 의약 개발, 공공정책 연구, 범죄와의 전쟁, 사기 탐지, 신용 위험 평가, 보험 가입 심사, 목표 집단 맞춤형 광고와 같은 여러 분야의 다양한 맥락에서 개인에 대한 데이터를 수집하고 사용하는 것에 대해 우리 사회가 어떻게 접근해야 합리적이라 할 수 있는가?

데이터 과학은 데이터를 통해 세상을 이해하는 방법을 제공한다고 약속한다. 오늘날과 같은 빅데이터 시대에 이 약속은 정말 매력적이고, 실제로 이런 데이터 활용을 위해 인프라 구조

및 기술을 발전시키고 도입해야 한다는 주장을 뒷받침하는 여러 근거들이 나오고 있다. 데이터가 최소한 비즈니스 측면에서 효율, 효과와 경쟁력을 증진시킨다는 주장은 몇몇 학문적 연구로도 뒷받침된다. 예를 들어, 179개 대형 상장사를 대상으로 한 2011년 연구는 데이터를 바탕으로 의사결정을 하는 기업일수록 생산성이 더 높다는 것을 보였다. "DDD(data-driven decision making, 데이터가 주도하는 의사결정)를 도입한 회사들이 그 회사의 투자와 정보기술 수준에서 기대되는 바에 비해 생산량과 생산성이 5~6퍼센트 정도 더 높았다."(Brynjolfsson, Hitt, and Kim 2011, 1)

데이터 과학 기술을 더 도입하고 활용을 늘려야 한다는 주장에 대한 또다른 이유는 보안과 관련이 있다. 정부는 오랜 기간동안 감시가 보안을 증진시킨다고 주장해왔다. 테러리스트의 9.11 공격과 그에 이어지는 세계 각지의 여러 테러 공격으로 이주장은 힘을 얻어왔다. 에드워드 스노든이 미국 국가안보국의 프리즘 감시 프로그램과 이 프로그램이 주기적으로 모아온 미국 시민의 데이터를 공개한 뒤로 이에 대한 공적인 토론이 활발히 일어났다. 감시가 보안을 증진시킨다는 주장의 힘을 보여주는 극명한 사례는 국가안보국이 가로챈 막대한 양의 통신 데이터를 저장하기 위해 미국 블러프데일Bluffdale, 유타Utah 등에 데이터 센터를 건설하면서 든 비용이 17억 달러에 달한다는 사실

일 것이다(Carroll 2013).

한편 사회와 정부, 기업은 빅데이터 세상에서 데이터 과학이 장기적으로 어떤 의미인지 이해하고자 노력하고 있다. 데이터 수집, 저장, 분석 분야에서 기술이 매우 빠르게 발전하면서 그에 비해 데이터, 특히 개인의 프라이버시와 연관되는 데이터를 둘러싼 법적인 체계, 더 넓은 범위의 윤리 등에 대한 논의는 뒤처지고 있다. 하지만 데이터 수집과 사용에 대한 기본적인 법률 원칙을 이해하는 것은 정말 중요하며, 이 원칙은 거의 항상 실전에도 적용된다. 동시에 데이터 사용과 프라이버시에 대한 윤리적 논쟁은 개인이자 시민인 우리가 알아야 하는 이 분야의 우려할 만한 경향도 잘 보여준다.

상업적 이득 대 개인의 프라이버시

데이터 과학은 세상을 살기에 더 풍요롭고 안전한 곳으로 만드는 것이라고 할 수 있다. 하지만 여러 조직이 서로 매우 다른 어젠다를 갖고 이런 주장을 똑같이 할 수 있다. 예를 들어, 시민 자유에 대한 단체는 시민에게 더 많은 힘을 주기 위해 정부가 데이터를 수집하고 사용하는 과정을 투명하게 공개하라고, 시민이 더 많은 데이터를 쓸 수 있어야 한다고 요구하지만, 기업계도 비슷하게 자신들의 수익을 늘리고자 이런 데이터를 쓸 수 있어야 한다고 같은 요구를 할 수 있다(Kitchin 2014a). 사실, 데이터 과학은 양날의 검이다. 데이터 과학은 보다 효율적인 정부, 향상된 의약품과 의료 서비스, 저렴한 보험, 더 똑똑한 도시, 범죄의 감소, 그 밖의 여러 방식으로 우리 삶을 보다 나아지게 할 수 있다. 하지만 동시에 우리를 감시하고, 원치 않는 광고의 표적으로 삼고, 명백하게 또는 은밀하게(감시에 대한 공포는 감시 자체만큼이나 우리에게 영향을 미친다) 우리 행동을 조절할 수도 있다.

데이터 과학의 서로 모순되는 여러 측면은 하나의 활용 예에서도 동시에 나타날 수 있다. 예를 들어, 건강보험 가입 심사 때 데이터 과학을 활용하기 위해 구매 습관, 인터넷 검색 기록을 비롯해 사람들의 라이프 스타일에 관한 수백 가지 속성이 들어 있는 제3자의 마케팅 데이터를 활용하는 경우가 있다(Batty, Tripathi, Kroll, et al. 2010). 이런 제3자 데이터 활용은 문제가 될 수 있는데, 이는 사람들이 익스트림 스포츠 웹사이트를 방문하는 것과 같이 보험료를 더 비싸게 만들 수 있는 특정 행동을 피하는 자기검열을 유도할 수 있기 때문이다(Mayer- Schönberger and Cukier 2014). 하지만 동시에 이런 데이터는 혈액 검사처럼 몸에 상처를 내고 비싼 값을 치러야 생산할 수 있는 정보를 대체할 수 있으므로 장기적으로는 보험사의 비용과 보험 가입비를 줄이고 건강보험 가입자를 늘릴 수 있어 타당하다는 주장도 있다(Batty, Tripathi, Kroll, et al. 2010).

데이터 과학 활용에 따르는 상업적 이익과 윤리적 고려 간의 여러 논쟁 가운데 개인 데이터를 표적 마케팅에 활용하는 것을 둘러싼 논의가 첨예하다. 광고를 하는 기업 입장에서 개인 데이터가 주는 인센티브는 한편으로는 개인화된 마케팅, 서비스, 제품과 관련되고, 다른 한편으로는 마케팅의 효과와 연관된다. 전기통신서비스 업계에서 어떤 소비자가 기존의 고객과 어떻게 연결되어 있는지 등을 밝혀주는 개인의 사회관계망 데이터를 이용하자 직접 발송 우편(다이렉트 메일) 마케팅의 효과가 전통적인 접근법에 비해 3배에서 5배까지 올라갔다는 보고가 있다(Hill, Provost, and Volinsky 2006). 온라인 마케팅에서도 데이터를 이용한 개인화의 효과에 대해서 비슷한 주장들이 나온 바 있다. 예를 들어, 2010년 미국에서 있었던 한 연구는 런-오브-더-네트워크run-of-the-network 마케팅(특정 사용자나 사이트를 대상으로 하지 않고 여러 웹사이트에 광고를 내보내는 방식의 광고 캠페인)과 행동 타깃팅behavioral targeting[1]을 서로 비교하는 방식으로 온라인 표적 광고의 비용과 효과에 대해 살펴봤다. 그 결과 행동 마케팅이 비용이 더 높으면서(2.68배), 동시에 런-오브-더-네트워크 마케팅에 비해 전환율도 2배가량 높아 효과도 좋은 것으로 나타났다. 데이터에 기반하는 온라인 광고의 효과에 대해 토론토대학교와 매사추세츠공대(MIT)의 연구가 잘 알려져 있다(Goldfarb and Tucker 2011). 이들은 광고 회사가 이용자의 온라인 행동을 추적하지 못하도록 제한한 유럽연합의 프라이버시 보호 법안 발효[2]를 이용해, 이 새 규제가 있는 곳(유럽연합 안)에서 온라인 광고의 효과와 규제가 없는 곳(미국 등 유럽연합에 속하지 않은 나라)에서 온라인 광고의 효과를 서로 비교해봤다. 그 결과 새 규제가 도입된 곳의 연구 참가자가 답한 구매 의사가 대조군에 비해 65퍼센트나 떨어졌을 정도로 온라인 광고 효과가 크게 감소한 것을 발견했다. 이 연구 결과에 대한 논란이 있긴 하지만(예를 들어 Mayer and Mitchell 2012 참조), 이 연구는 개인에 대한 더 많은 데이터가 있을수록 그 개인을 대상으로 한 광고의 효과는 더 좋다는 것을 뒷받침하는 근거로 쓰이고 있다. 데이터 주도 표적 마케팅의 지지자들은 이를 기반으로 광고주는 낭비되는 광고료를 줄이면서 더 높은 전환율을 달성해 마케팅비를 낮추어 좋고, 소비자는 자신과 보다 관련 있는 광고를 접할 수 있어서 좋으니 함께 윈-윈을 한다고 주장한다.

그러나 표적 마케팅을 위한 개인정보 활용에 대한 이런 유토피아적 관점은 사안을 (자기 필요에 따라) 선별적으로 보고 있다는 한계에 머문다. 표적 광고의 가장 우려되는 점 가운데 하나는 미국의 할인 마트 타깃Target에 대한 〈뉴욕타임스〉의 2012년 보도에서 잘 나타난다. 임신과 출산을 전후로 쇼핑 습관이 크게 바뀐다는 것은 마케팅 업계에 널리 알려진 사실이다. 이런 큰 변화 때문에 마케터들은 임신을 어떤 사람의 쇼핑 습관과 브랜드에 대한 충성도를 바꿔놓을 좋은 기회로 생각하며, 이 때문에 많은 소매업체들이 공개되어 있는 출산 정보를 활용해 새로 부모가 될 사람들에게 아기 관련 제품들을 보내주는 개인화된 마케팅을 진행하곤 한다. 타깃은 여기서 경쟁우위를 점하기 위해 예비 엄마가 자발적으로 타깃에 임신 사실을 알리지 않았더라도[3] 임신한 소비자를 일찍(이상적으로는 임신 중기에) 알아내는 방법을 궁리했다. 이 업체가 만약 이런 통찰력을 얻을 수 있으면 다른 소매업체는 미처 알기도 전에 개인화된 마케팅을 개시할 수 있을 터였다. 타깃은 이를 위해 쇼핑 습관에 대한 분석으로부터 임신한 고객을 예측해 내는 데이터 과학 프로젝트에 착수했다. 프로젝트의 시작점은 타깃의 베이비 샤워(출산을 앞둔 임산부에게 아기용 선물 등을 주는 파티 – 옮긴이) 프로그램에 가입한 여성의 쇼핑 습관을 분석하는 일이었다. 분석 결과 예비 엄마는 임신 중기가 시작될 때쯤 더 많은 양의 무향 로션을 사며, 이때부터 임신 20주까지 특정 식이보조제를 계속 구매하는 것으로 나타났다. 타깃은 이 분석을 기반으로 25개의 제품 및 지표를 이용해 각 고객의 '임신 예측' 점수를 산출하는 데이터 모델을 만들어냈다. 이 모델이 얼마나 성공적이었는지는(더 나은 말이 없으니 일단 성공이라 한다면) 어떤 남자가 매장에 나타나 타깃이 자신의 고등학생 딸에게 아기 옷과 아기침대 쿠폰을 보낸 것에 대해

항의했을 때 분명히 드러났다. 이 남자는 타깃이 딸에게 임신을 부추기고 있다고 의심한 것이다. 하지만 며칠이 지나자 그 딸이 실제로 임신을 했고 누구에게도 그 사실을 말하지 않았다는 사실이 드러난 것이다. 타깃의 임신 예측 모델은 심지어 임신한 고등학생까지 찾아낼 수 있었고, 타깃은 그녀가 가족에게 그 사실을 알리기도 전에 이 정보를 바탕으로 마케팅을 할 수 있었던 것이다.

데이터 과학의 윤리적 영향: 프로파일링과 차별

타깃이 고등학생의 임신을 그녀의 동의나 이해 없이도 알아낸 이야기는 데이터 과학이 개인뿐 아니라 사회적 소수자 그룹 등을 알아내는 소셜 프로파일링(데이터 분석을 통해 개인의 약력과 정보 등을 구축하는 일 – 옮긴이)에 어떻게 쓰일 수 있는지 잘 보여준다. 조셉 투로Joseph Turow는 그의 책《매일의 당신: 새 광고업계는 당신의 정체성과 가치를 어떻게 정의하는가The Daily You: How the New Advertising Industry Is Defining Your Identity and Your Worth》(2013)에서 마케터들이 어떻게 디지털 프로파일링을 이용해 사람들을 표적 또는 쓰레기waste로 구분하고, 이 분류를 이용해 개인 소비자에게 맞춤한 제안이나 판촉 등을 보내는지를 다루었다. "쓰레기로 간주된 이들은 무시되거나 마케터가 보기에 이들 취향이나 소득 수준에 더 적절하다고 생각되는 다른 제품의 (광고) 대상으로 전락한다"(11). 이런 개인 맞춤화는 일부에겐 그들의 선호에 따른 대우인 반면 다른 이들에겐 소외이다. 이런 차별의 분명한 예는 고객 프로필을 바탕으로 같은 제품에 대해서도 일부 고객에겐 다른 고객에 비해 더 높은 가격을 부르는 웹사이트 내 가격 차별화다(Clifford 2012).

이런 프로필에는 잡음이 섞일 수도 있고, 부분적인 여러 데이터 원천의 데이터를 통합해 구축하기 때문에 개인에 대한 어떤 정보를 오도할 수도 있다. 더 큰 문제는 이런 마케팅 프로필이 상품처럼 취급되어 다른 회사에 종종 팔리기도 한다는 점이다. 그러면 어떤 개인에 대한 부정적인 마케팅 평가가 여러 영역에 걸쳐 그 개인을 쫓아다니게 된다. 앞에서 이미 보험업계가 가입 심사 때 어떻게 마케팅 데이터 세트를 활용하는지 살펴본 바 있지만(Batty, Tripathi, Kroll, et al. 2010), 이런 프로필은 동시에 신용 위험 평가나 그 밖에 개인 삶에 영향을 미칠 수 있는 다양한 판단에도 쓰일 수 있는 것이다. 이 마케팅 프로필은 두 가지 측면에서 특히 문제가 된다. 첫째, 이들은 블랙박스 같다. 둘째, 집요하다. 프로필의 블랙박스 같은 특징은 자신에 대해 무슨 데이터가 기록되어 있고 언제 어디서 그 데이터가 기록되었으며, 이 데이터가 어떤 결정 과정을 통해 이용되는지 등을 개인이 알아내기가 어렵다는 뜻이다. 어떤 사람이 이런 식의 과정을 거쳐서 비행금지 승객 명단이나 신용 불량자 목록에 포함되었을 땐 이미 "그 차별의 근거를 알아내거나 이에 이의를 제기하기가 어려워지는"것이다(Kitchin 2014a, 177). 더군다나 현대의 데이터는 오랜 기간 저장되곤 한다. 한 개인의 삶에서 한때 있었던 일에 대한 데이터가 그 일이 끝난 뒤에도 오랫동안 유지되는 것이다. 투로가 경고했듯이, "프로필이란 것이 평판이 되어버리면, 한 개인에 대한 프로필은 그에 대한 평가가 되어버린다."(2013, 6)

더 나아가 데이터 과학은 조심스럽게 쓰지 않으면 편견을 영속시키고 강화할 수 있다. 데이터 과학은 숫자에 바탕을 두고 있기 때문에 인간의 편견이 결정에 영향을 미치지 않으니 객관적이라고들 한다. 하지만 데이터 과학 알고리즘은 객관적인 방식으로 작동하기보단 무無도덕적인 방식으로 작동한다는 쪽이 진실에 가깝다. 데이터 과학은 데이터에서 패턴을 추출한다. 만약 데이터가 사회의 편견에서 비롯된 관계를 담고 있으면 알고리즘은 이 패턴을 파악해서 그 패턴에서 비롯된 결과물을 내놓는다. 즉 사회에 편견이 더 일관되면 될수록 그 사회에 대한 데이터에 이 편견의 패턴은 더 강하게 나타날 것이고, 데이터 과학 알고리즘은 그 편견의 패턴을 추출해 더 많이 복제할 수 있는 것이다. 예를 들어 구글 온라인 광고 시스템에 대한 한 학술 연구는 이 시스템이 프로필상 남성으로 보이는 이들에게 여성으로 보이는 이들보다 연봉이 높은 직업에 대한 광고를 더 많이 보여준다는 사실을 밝혀냈다(Datta, Tschantz, and Datta 2015).

데이터 과학 알고리즘이 편견을 강화할 수 있다는 사실은 경찰 활동에 적용되었을 때 특히 더 문제가 된다. 프레드폴PredPol[4]이 라고도 하는 예방 치안Predictive Policing은 언제 어디서 범죄가 발생할 것인지를 예측하기 위해 고안된 데이터 과학 도구다. 한 도시에 적용하면 프레드폴은 범죄가 발생할 확률이 높은 (가로 세로 약 150m 정도의) 핫스팟을 표시한 지도와 각 핫스팟 별로 범 죄 발생 확률이 높아 경찰이 순찰을 도는 시간을 표시한 태그를 함께 제공한다. 미국과 영국의 경찰 당국이 이 프레드폴을 도입 했다. 이런 지능형 치안 시스템 도입의 바탕에 깔린 생각은 이를 통해 경찰력을 효과적으로 운용할 수 있으리란 기대이다. 표면 적으로는 이런 데이터 과학 프로그램을 이용하면 범죄를 보다 효과적으로 겨냥해서 경찰력의 운영비용을 줄일 수 있을 테니 맞는 이야기 같다. 하지만 프레드폴의 정확도와 이런 예방 치안 계획의 효과에 대해선 의문이 제기돼왔다(Hunt, Saunders, and Hollywood 2014; Oakland Privacy Working Group 2015; Harkness 2016). 이런 시스템이 인종이나 계급에 따른 프로파일링(어떤 개 인이나 대상을 중심으로 정보를 수집하여 집적하는 것 – 옮긴이)을 코드 화할 수 있다는 점은 경찰도 지적한 바 있다(Baldridge 2015). 과 거 데이터에 기반하여 경찰 자원을 배치하는 것은 특정 지역, 보통 경제적으로 낙후된 지역에 더 많은 경찰이 배치되는 결과로 나타난다. 그러면 자연히 그 지역의 범죄 발생 보고는 더 많아질 것이다. 이는 다른 말로 하면 범죄에 대한 예측이 자기실현적 예언이 되어버린다는 말이다. 이런 순환은 결국 일부 지역만 불균형하게 경찰 감시의 표적이 되는 것으로 끝나고, 그 지역에 사는 주민과 경찰 사이의 신뢰는 무너지게 된다(Harkness 2016).

데이터에 기반을 둔 치안의 다른 예는 시카고 경찰청이 총기 범죄를 줄이고자 썼던 전략적 용의자 목록Strategic Subjects List, SSL이다. 이 목록은 2013년 처음 만들어졌는데, 총기 범죄에 연루될 확률이 매우 높은 것으로 추정되는 426명의 명단이다. 시카고 경찰청은 목록에 오른 사람을 전부 접촉해 그들이 감시하에 있다고 경고했다. 이들 가운데 일부는 매우 놀랐는데 그들이 비록 사소한 범법 행위를 하긴 했어도 폭력 전과는 없었기 때문이다(Gorner 2013). 이런 식의 범죄 예방을 위한 데이터 수집에 대해 이런 문제 제기를 할 수 있다. 이 기술은 얼마나 정확할까? 2013년 SSL에 올랐던 이들에 대한 근래 연구는 "이들이 대조군에 비해 살인사건이나 총격의 피해자가 될 확률은 높지도 낮지도 않다"는 점을 발견했다(Saunders, Hunt, and Hollywood 2016). 그런데 이 연구는 목록에 오른 이들이 총격 사고로 인해 체포될 확률은 높아졌다는 점도 발견했다. 비록 그것이 목록에 오르니 이들에 대한 경찰의 주의도 올라가서 그런 것인지 명확히 밝히진 않았지만 말이다(Saunders, Hunt, and Hollywood 2016). 시카고 경찰청은 이 연구에 대응해 SSL을 짜는 알고리즘을 정기적으로 업데이트하고 있어서 2013년 이후 SSL의 효과가 꾸준히 좋아지고 있다고 해명했다(Rhee 2016). 목록에 오른 어떤 개인이 어떻게 거기까지 오게 되었느냐 하는 것도 문제다. 2013년 버전의 SSL은 한 개인에 대한 여러 속성 가운데 그의 지인 중 체포되거나 총격과 관련된 인물이 있는지를 포함한 소셜 네트워크 분석을 기반으로 짜인 것으로 보인다(Dokoupil 2013; Gorner 2013). 소셜 네트워크 분석을 이용하는 것은 한편 합리적으로 보이지만, 연좌제 논란을 불러일으키기에도 충분하다. 이런 접근법의 문제점은 두 개인의 연관성이라는 것을 정확히 정의하기가 어렵다는 사실이다. 예컨대 두 사람이 같은 거리에 살면 연관성이 충분하다고 할 수 있을까? 더 나아가 교도소 수감자의 다수가 흑인이거나 라틴아메리카계인 미국과 같은 나라에선 연관 개념을 입력값으로 이용하는 예방 치안 알고리즘을 허용할 경우 주로 젊은 유색인이 표적이 되어버릴 가능성이 높다(Baldridge 2015).

예방 치안의 미리 예측하는 성질은 어떤 개인을, 그가 실제한 일이 아니라 데이터로 추론한 '할지도 모르는 일'에 따라 취급한다. 그 결과 이런 시스템은 과거 데이터에서 나타난 패턴을 복제해 차별적인 관행을 더 강화하고, 결국 자기실현적 예언을 만들어낼 가능성이 있다.

데이터 과학의 윤리적 함의: 파놉티콘의 탄생

데이터 과학에 대한 상업적 광고에 잠시 빠져보면, 맞는 데이터만 충분하고 데이터 과학 기술을 이용하기만 하면 그 어떤 문제도 다 해결할 수 있을 것 같단 생각이 든다. 데이터 과학의 힘에 대한 이런 마케팅은 범죄, 빈곤, 부실한 교육, 열악한 보건 등 복잡한 사회 문제를 해결하는 데에도 데이터에 바탕을 둔 행정이 최고의 방법이라는 생각을 키운다. 사회 곳곳에 센서를 부착해 모든 것을 추적하고, 그 데이터를 취합한 다음, 알고리즘을 돌려 해결책에 필요한 핵심 통찰을 얻어내기만 하면 이런 문제가 해결될 것 같다.

이런 주장이 힘을 받으면, 보통 두 가지 과정이 강화된다. 첫째는 사회의 성격이 점점 기술관료적으로 변하고, 삶의 여러 측면이 데이터에 기반을 둔 시스템으로 규제되기 시작한다는 것이다. 이런 기술 규제의 예는 이미 있다. 예를 들어 일부 사법관할권에선 가석방 청문회(Berk and Bleich 2013)와 선고(Barry-Jester, Casselman, and Goldstein 2015)에 데이터 과학이 활용되고 있다. 그리고 교차로에서 어떤 차량이 우선권을 가져야 하는지 시간대에 따라 역동적으로 결정을 내리는 알고리즘이 교통을 통제하는 스마트 도시 기술 같은 것도 있다(Kitchin 2014b).

이런 기술 규제의 부산물로 자동화된 통제 시스템을 뒷받침하기 위한 센서가 범람한다. 두 번째는 '통제의 전염'으로, 어떤 목적을 위해 수집된 데이터가 목적이 바뀌면서 다른 방식으로도 규제를 하게 되는 것을 말한다(Innes 2001). 예를 들어, 런던은 교통 혼잡을 통제하고 혼잡 통행료(런던은 도로가 가장 복잡할 시간대에 시내로 차를 몰고 들어오는 경우 혼잡 통행료를 매긴다)를 물리기 위한 목적으로 설치한 도로 카메라의 목적을 보안 업무까지 확대한 적이 있다(Dodge and Kitchin 2007). 통제 전염의 다른 예로는 총격 소리를 잡아내고 그 위치를 추적하기 위해 도시 전체에 걸쳐 네트워크 형태로 구성한 마이크로폰의 집합인 샷스파터ShotSpotter라는 기술이 있다. 하지만 이 기술은 이후 대화를 녹음하는 데까지 쓰였고, 그 녹음 가운데 일부는 형사 재판에도 쓰였다(Weissman 2015). 또 미국의 렌터카업계는 임대인이 주밖으로 차를 몰고 나갔을 때 벌금을 물리기 위한 용도로 자동차의 내비게이션 시스템을 쓴 적이 있다(Elliott 2004; Kitchin 2014a).

통제 전염은 서로 다른 원천에서 온 데이터를 합치고자 하는 욕망으로, 이는 사회에 대한 보다 복잡한 상을 제공할 수 있으며 이를 통해 시스템 내부 문제에 대한 보다 깊은 통찰을 얻어낼 가능성도 있다. 종종 데이터를 다른 목적으로도 쓰는 것이 좋은 이유도 있다. 합당한 목적을 위해 서로 다른 정부 부처의 데이터를 합쳐야 한다는 요구도 많은데, 예를 들면 공중 보건을 위한 연구나 국가와 시민의 편의를 위한 경우가 그렇다. 하지만 시민 자유라는 관점에서 이런 경향은 매우 우려스러운 일이다. 심해지는 감시, 여러 원천 데이터의 결합, 통제의 전염, (예방 치안 프로그램과 같은) 미리 예측하는 정부 등은 서로 관련 없는 일련의 무해한 행동 때문에, 혹은 데이터 통제 시스템이 의심스럽다고 판단하는 패턴과 우연히 일치한 때문에 어떤 개인을 수상한 인간으로 취급하는 사회로 이어질 수 있다. 이런 사회에 살다 보면 우리는 점차 자유로운 시민에서 벤담이 말한 파놉티콘[5]의 수감자로 변해, 자신의 행동으로부터 어떤 추론이 이뤄질까 하는 끊임없는 두려움에 자기검열을 하게 될 것이다. 개인이 감시로부터 자유롭게 생각하고 행동하는 것과 파놉티콘 안에서 공포로 자기검열을 하는 것의 차이는 자유로운 사회와 전체주의 국가의 차이, 바로 그것이다.

잃어버린 프라이버시를 찾아서

현대 기술 사회에서 어떤 개인이 자신의 뒤로 데이터 흔적이 남는 것을 피할 방법은 없다. 현실 세계에선 비디오 감시 체계가 확산하면서 거리에 있든, 가게나 주차장에 가든 위치 데이터 수집이 언제든 가능하게 되었고, 휴대전화 사용이 급증하면서 많은 사람을 전화기를 통해 추적할 수 있게 되었다. 현실세계에서 일어나는 데이터 수집의 다른 예로는 신용카드 구매 내역 기록, 슈퍼마켓의 고객 카드 도입, 현금인출기에서 인출 내역 추적, 휴대전화 통화 기록 추적 등을 들 수 있다. 온라인 세상의 경우 어떤 누리집에 방문하거나 접속하면 데이터가 수집되며, 전자우편을 보내거나 온라인 쇼핑을 하거나, 데이트 상대, 식당 또는 가게의 평가를 매기거나, 전자책을 읽거나, 온라인 공개 강좌를 수강하거나, 소셜미디어 사이트에서 좋아요나 글 등을 등록하면 모두 데이터가 수집된다. 현대 기술 사회에서 한 개인에 대한 데이터가 평균적으로 얼마나 많이 수집되느냐면, 2009년 네덜란드 데이터 보호국의 한 보고서는 평범한 네덜란드 시민이 250개에서 500개의 데이터베이스에 들어가 있으며, 사회적 활동이 활발한 사람이라면 이 숫자가 1,000에 육박한다고 밝힌 바 있다(Koops 2011). 이를 종합하면, 어떤 개인에 관한 각 데이터베이스의 데이터 포인트들이 그 사람의 디지털 흔적digital footprint을 구성한다고 할 수 있다.

프라이버시 관점에서 보았을 때 문제가 되는 디지털 흔적 데이터의 수집 방식이 두 가지 있다. 첫째, 당사자가 인지하지 못한 방식으로 수집되는 것이다. 둘째, 당사자가 자신과 자신의 생각에 대한 데이터를 공유하겠다고 결정은 했지만, 그 데이터가 어떻게 쓰이고, 공유되고, 제3자에 의해 목적이 바뀌는지에 대해선 거의 알지 못하거나 아무 영향력도 없는 경우가 있다. 그림자 데이터data shadow와 데이터 흔적data footprint[6]이란 말은 각각 이런 두 가지 맥락의 데이터 수집을 구분하는 말로 쓰이곤 한다. 어떤 사람의 그림자 데이터란 그 사람의 이해, 동의, 인식 없이 수집된 데이터를 말하고, 데이터 흔적이란 그가 알고서 공개한 데이터의 조각을 모아서 구성한 데이터를 말한다(Koops 2011).

데이터가 개인의 이해나 동의 없이 수집되는 것은 물론 우려되는 일이다. 하지만 여러 원천에서 수집되어 목적을 바꾸고 결합한 데이터에서 숨겨진 패턴을 찾아낼 수 있는 현대 데이터 과학 기술의 힘은 한 곳에서 당사자의 이해와 동의를 얻어 수집된 데이터조차 그 사람이 예측하기 불가능한 방식으로 당사자에게 부정적인 영향을 미치도록 할 수도 있다. 오늘날 현대 데이터 과학 기술의 힘을 이용하면 우리가 소셜미디어에 자진해서 올린 글과 사진에서 겉으로 보기에는 아무 관련이 없어 보이는, 공개하거나 공유하지 않길 원하는 지극히 개인적인 정보까지 추론해내는 것이 충분히 가능하다. 예를 들어 사람들은 친구에게 자신이 그를 지지한다는 표시로 페이스북에서 '좋아요'를 누른다. 하지만 어떤 게시물에 좋아요를 눌렀는지만 가지고도 데이터 분석 모델은 그 사람의 성적 지향, 정치 또는 종교적 관점,

지적 수준, 성격 특징, 술·마약·담배와 같은 중독 물질 사용 등에 대해 정확히 예측할 수 있다. 나아가 그 사람이 21세가 될 때까지 부모와 함께 살았는지 아닌지조차도 알아낼 수 있다고 한다(Kosinski, Stillwell, and Graepel 2013). 맥락 밖에 있는 연결 관계를 찾아내는 모델의 이런 능력은 인권 캠페인을 얼마나 좋아하는지와 그 사람이 동성애자 성향일 확률(남자이건 여자이건)의 관계, 혼다 브랜드를 얼마나 좋아하는지와 흡연자일 확률의 관계 등까지 찾아내는 데에서 잘 나타난다(Kosinski, Stillwell, and Graepel 2013).

프라이버시를 보호하기 위한 컴퓨터 활용 접근

근래 몇 년 동안 개인의 프라이버시를 지키기 위해 데이터 분석 등 컴퓨터를 활용한 접근법에 관심이 점점 커지고 있다. 가장 널리 알려진 접근법은 차등 프라이버시differential privacy와 연합 학습federated learning이다.

차등 프라이버시는 '한 인구 집단에 대한 유용한 정보는 학습하면서 동시에 집단 내 한 개인에 대한 정보는 얻지 못하게 하려면 어떻게 해야 하는가'라는 문제에 대한 수학적 접근법이다. 차등 프라이버시는 프라이버시에 대한 독특한 정의를 사용한다. 만약 어떤 개인에 대한 정보가 데이터에 포함되었든 포함되지 않았든 그 데이터 분석 과정의 결과가 같게 나올 수 있다면 그의 프라이버시는 침해되지 않은 것이다. 차등 프라이버시를 도입하는 방법은 여러 가지다. 이 방법들의 핵심은 데이터 수집 과정이나 데이터베이스 질의에 대한 응답 과정 등에 잡음을 집어넣는 것이다. 이 잡음이 개인의 프라이버시를 지키지만 데이터가 모두 결합되는 단계에서는 제거되기 때문에, 대상 전체에 대한 유용한 통계는 계산할 수 있다. 데이터에 잡음을 넣는 차등 프라이버시 방법이 어떻게 작동하는지에 대한 사례로 무작위화된 응답 기술이 있다. 이 기술의 적용 사례로는 민감한 예/아니요 질문(예를 들어 범법 사실, 건강 상태 등에 대한 질문)이 포함된 설문이 있다. 설문 응답자는 민감한 질문에 대해 다음과 같은 과정을 거쳐 답하도록 안내 받는다.

1. 동전을 던져서 결과를 자신만 알고 있다.
2. 만약 뒷면이면, '예'라고 응답한다.
3. 만약 앞면이면, 진실되게 답한다.

위 지시대로면 이 민감한 질문에 대해 '예'라고 응답한 사람 가운데 어떤 사람은 동전의 뒷면이 나와서 그렇게 답한 사람이고, 어떤 사람은 정말 자신의 응답이 '예'이기 때문에 그렇게 답한 사람이다. 조사자는 누가 진짜 '예'인지 알지 못한다. 반면 '아니요'라고 한 응답은 모두 진실된 응답이다. 만약 동전에 아무 문제가 없다면 동전의 앞면이 나와 진실되게 답한 사람은 전체 설문 대상자의 절반 정도일 것이다. 그렇다면 조사된 '아니요' 응답에 비해 전체 조사 인구에서 '아니요'라는 응답의 진짜 수는 (대략) 2배가 될 것이다. 즉 우리는 진짜 '아니요'의 수는 상당한 신뢰성을 갖고 추정할 수 있다. 진실된 '아니요'의 수를 알수 있다면 전체 응답자에서 그 수를 빼서 진실된 '예'의 수도 구할 수 있다. 이 민감한 질문에 어떤 개인이 실제로 '예'라고 한 것인지는 알 수 없지만, 전체 인구에서 '예' 응답자의 수가 얼마나 되는지는 옳게 파악한 것이다. 데이터에 넣는 잡음의 양과 데이터 분석시 그 데이터의 유용함은 서로 대립된다. 차등 프라이버시는 데이터베이스 안에 데이터의 분포, 처리하는 데이터베이스 질의의 종류, 개인 프라이버시를 보장하고 싶은 질의 수 등에 따라 얼마나 많은 양의 잡음이 필요한지 추산해줌으로써 이 대립 관계 문제의 어려움을 덜어준다. 신시아 드워크Cynthia Dwork와 아론 로스Aaron Roth는 차등 프라이버시를 소개하고 이를 도입하는 몇 가지 방법에 대한 개괄을 보인 바 있다.(2014) 차등 프라이버시 기술은 현재 다양한 소비자 제품에 쓰이고 있다. 예를 들어, 애플은 iOS 10에 차등 프라이버시를 도입해서 개인 사용자의 프라이버시를 보호하면서 동시에 메시지 앱에서 다음 글자를 미리 예측하는 기능과 검색 기능을 향상하는 데 활용하고 있다.

일부 데이터 과학 프로젝트의 경우, 활용되는 데이터가 여러 서로 다른 원천에서 온다. 예를 들어, 하나의 연구 프로젝트를 위해 여러 병원이 데이터를 제공하는 경우나, 한 회사가 수많은 사용자의 휴대전화 애플리케이션에서 데이터를 모으는 경우 등이다. 이 경우 이 데이터를 하나의 데이터 저장소에 모아 결합된 데이터를 분석하는 방식으로 중앙에 집중하기보다, 각각의 데이터 원천에 있는 데이터의 부분 집합에 대해 각각 다른 모델을 훈련시킨 뒤(즉 각 병원이나 개별 사용자의 휴대전화에서 훈련시킨 뒤) 훈련된 개별 모델을 하나로 합치는 대안적인 방법이 있다. 구글이 이런 연합 훈련 방법을 사용해서 안드로이드의 구글 키보드의 추천 단어 기능을 향상시키고 있다(McMahan and Ramage 2017). 구글의 연합 학습 프레임워크에서, 각 모바일 기기는 우선 현재 (핵심) 모델의 복사본을 가진 채 애플리케이션을 실행한다. 이후 사용자가 앱을 쓰면서 그 사용자의 앱 데이터가 그의 전화기 안에 수집되며, 이 전화기 안에 있는 학습 알고리즘이 이 데이터를 이용해서 전화기의 로컬 버전 모델을 업데이트한다. 이후 이 로컬 모델 업데이트가 클라우드로 보내져 다른 사용자 기기에서 올린 다른 모델 업데이트와 합쳐져 평균화된다. 그 다음 핵심 모델이 이 평균을 이용해 업데이트되는 것이다. 이런 과정을 이용하면 단지 업데이트만 공유되고 사용자의 이용 데이터는 공유되지 않기 때문에 핵심 모델은 향상되면서, 동시에 개별 사용자의 프라이버시를 보호할 수 있다.

데이터 활용을 규제하고 프라이버시를 보호하기 위한 법률 체계

프라이버시 보호와 허용되는 데이터 사용 방식에 대한 법은 사법 관할권마다 조금씩 다르다. 하지만 대부분의 민주주의 사법권에서는 공통되는 두 핵심 기둥이 있다. 차별금지 법률과 개인 데이터 보호 법률이다.

대부분 사법 관할권에서, 행정법은 나이, 성별, 인종, 민족, 국적, 성적 지향, 종교나 정치적 의견 등 어떤 것에 근거한 차별도 금지한다. 미국의 경우, 1964년 발효된 민권법Civil Rights Act[7]으로 피부색, 인종, 성별, 종교, 또는 국적에 따른 차별이 금지됐다. 이후 입법으로 이 목록은 더 확장됐다. 예를 들어 1990년의 미국 장애인법Americans with Disabilities Act[8]은 장애에 근거한 차별로부터 사람을 보호하도록 확장했다. 다른 여러 사법 관할권에도 비슷한 법들이 있다. 예를 들어 유럽연합 기본권 헌장Charter of Fundamental Rights of the European Union은 인종, 피부색, 민족 또는 사회적 출신, 유전적 기질, 성별, 나이, 고향, 장애, 성적 지향, 종교 또는 신념, 재산, 소수민족 신분, 정치적 또는 다른 종류의 의견 등 어떤 것에 근거한 차별도 금지한다(Charter 2000).

프라이버시 법도 관할권마다 약간의 변형과 공통점을 가지고 비슷한 형태로 존재한다. 미국의 경우, '공정 정보 사용 원칙Fair Information Practice Principle'(1973)[9]이 이후 도입된 프라이버시 법 대부분의 근거를 제공하고 있다. 유럽연합에선 '데이터 보호 지침Data Protection Directive'(Council of the European Union and European Parliament 1995)이 관할권의 프라이버시 법률 대부분의 근거다. 그에 이은 '일반 데이터 보호 규정General Data Protection Regulations'(Council of the European Union and European Parliament 2016)은 데이터 보호 지침의 보호 원칙을 확장하고, 데이터 보호 규제의 법적 강제를 모든 유럽연합 가입국가들로 확대했다. 하지만 개인 프라이버시와 데이터에 대한 원칙으로 보다 넓게 받아들여지는 것은 경제협력개발기구(OECD)가 발표한 '프라이버시 보호와 개인 데이터의 국경 간 유통에 대한 지침Protection of Privacy and Transborder Flows of Personal Data'이다 (1980). 이 지침에서 개인 데이터란 구분할 수 있는 개인, 즉 데이터 주체data subject에 대한 기록으로 정의된다. 이 지침은 데이터 주체의 프라이버시를 보호하기 위한 (부분적으로 겹치는) 8개의 원칙을 정의하고 있다.

1. 수집 제한 원칙: 개인 데이터는 법에 근거하고 데이터 주체의 이해와 동의가 있을 때만 얻을 수 있다.

2. 데이터 품질 원칙: 수집된 어떤 개인 데이터도 쓰이는 그 목적에 맞게 적절해야 한다. 즉 정확하고, 완전하고, 최신이어야 한다.

3. 명확한 목적 원칙: 데이터 주체는 개인 데이터가 수집될 때나 그 전에 데이터가 쓰이게 될 목적에 대한 정보를 받아야 한다. 나아가 목적이 바뀌는 것은 허용할 수 있으나, 그것이 임의적이어선 안 되며(새 목적은 반드시 기존 목적과 양립되어야 하며) 데이터 주체에게 명시되어야 한다.

4. 사용 제한 원칙: 개인 데이터의 사용은 데이터 주체가 알고 있는 목적으로 제한되어야 하며, 정보 주체의 동의 또는 법률에 의거하지 않고 제3자에게 노출되어선 안 된다.

5. 안전 보호장치 원칙: 개인 데이터는 보안 보호장치를 통해 삭제, 절도, 노출, 변형, 비인가 사용 등으로부터 보호받아야 한다.

6. 개방 원칙: 데이터 주체는 자신의 개인 데이터를 수집, 저장, 사용하는 데 필요한 정보를 합리적인 수준으로 쉽게 얻을 수 있어야 한다.

7. 개인 참여 원칙: 데이터 주체는 개인 데이터에 접근하고 그 데이터에 대해 확인받을 권리를 갖는다.

8. 책임의 원칙: 데이터 관리자는 이 원칙들을 준수할 책임이
   있다.

유럽연합과 미국을 포함한 많은 나라가 경제협력개발기구의
원칙을 지지한다. 유럽연합 일반 데이터 보호 규정의 데이터 보
호 원칙은 넓게 보아 경제협력개발기구의 지침으로부터 유래했
다고 할 수 있다. 일반 데이터 보호 규정은 유럽연합 안에 있는
유럽연합 시민의 개인 데이터와 관련한 수집, 이동, 저장, 처리
에 적용되고 유럽연합 밖으로 이 데이터가 흘러갈 때도 영향을
미친다. 현재 여러 국가들이 일반 데이터 보호법과 유사하거나
일관되는 비슷한 데이터 보호법을 개발 중에 있다.

윤리적 데이터 과학을 향해

법적 체계에도 불구하고 국가가 안보와 정보활동이란 명목으로
자국의 시민 또는 외국인들의 개인 데이터를 그들이 알지 못하
는 사이에 종종 수집하고 있다는 것은 이미 잘 알려진 사실이
다. 미국 국가안보국의 프리즘 프로그램을 비롯해 영국 정보통
신본부Government Communications Headquarters의 템포라Tempora
프로그램(Shudder 2013), 러시아 정부의 작전 조사활동 시스템

System for Operative Investigative Activities(Soldatov and Borogan 2012) 등이 있다. 이런 프로그램은 정부와 현대 통신 기술 활용에 대한 대중의 인식에 영향을 미친다. 퓨Pew 리서치 센터의 '스노든 사태 이후 미국인의 프라이버시 접근 전략'이라는 2015년 조사를 보면 응답자의 87퍼센트가 전화와 인터넷 통신에 대한 정부의 감시에 대해 알고 있으며 이 가운데 61퍼센트가 이런 프로그램이 공공의 이익에 봉사한다는 신뢰를 잃어가고 있고, 25퍼센트는 이런 프로그램에 대해 안 뒤 통신 기술을 이용하는 방식을 바꾼 바 있다고 답했다(Rainie and Madden 2015). 비슷한 결과가 유럽 설문에서도 나타났는데, 절반 이상의 유럽인이 정부 기관에 의한 대규모 감시에 대해 알고 있었으며 대부분의 응답자가 이런 방식의 감시가 자신의 온라인 개인 데이터가 어떻게 쓰이고 있는지에 대한 생각에 부정적 영향을 미쳤다고 답했다(Eurobarometer 2015).

동시에 많은 사기업이 자신이 사용하는 개인 데이터가 파생되거나 집적되거나 또는 익명화되었다며 개인 데이터와 프라이버시에 대한 규제를 회피한다. 이런 식의 재포장을 통해 회사는 이 데이터가 더 이상 개인 데이터가 아니며, 따라서 해당 개인의 인식이나 동의 없이 그리고 그 데이터에 대한 분명하고 즉시적인 목적 없이 데이터를 모을 수 있다고 주장하는데, 이는 사실 가능한 한 오랜 기간 데이터를 가지고 있기 위해, 목적을 재설정하거나 또는 상업적 기회가 생기면 이 데이터를 팔기 위한 경우가 많다. 데이터 과학과 빅데이터의 상업적 활용을 지지하는 많은 사람들은 데이터의 진짜 상업적 가치는 그것의 재사용 또는 '부가적 가치'에 있다고 주장한다(Mayer-Schönberger and Cukier 2014). 데이터 재사용 지지자들은 두 개의 기술적 혁신이 데이터 수집과 저장을 실용적인 비즈니스 전략으로 만들었다고 강조한다. 첫째, 오늘날 데이터는 추적되고 있는 대상 개인이 인식조차 못하는 상황에서 아무 노력을 들일 필요 없이 조용히 수집할 수 있다. 둘째, 데이터 저장이 상대적으로 값싸졌다. 이런 맥락에서 미래(예측하지 못할 미래까지 포함해)의 상업적 기회를 위해 데이터를 기록하고 저장하는 것은 합리적인 일이 되는 것이다.

데이터를 대거 비축하고, 목적을 재설정하고, 사고파는 현대의 상업적 관행은 경제협력개발기구 지침의 목적 명확화와 사용 제한 원칙과 완전히 어긋난다. 나아가 기업이 소비자에게 읽기 불가능하거나 또는 회사가 추가적인 상의나 고지, 또는 둘 모두를 누락한 채 계약을 변경할 수도 있게 작성된 프라이버시 계약서를 들이 밀 때마다 수집 제한 원칙도 약화된다. 고지 절차와 동의 과정이 아무 의미 없는 박스 체킹(온라인 개인 정보 활용 동의 때 그냥 '예'에 체크하는 일 같은 것 - 옮긴이)이 되면 항상 이런 일이 일어난다. 안보의 명목으로 일어나는 정부 감시에 대한 여론과 마찬가지로 상업 사이트의 개인 데이터 수집과 목적 재설정에 대한 여론 역시 상당히 부정적이다. 다시 또 여론의 리트머스 시험지로서 미국과 유럽의 설문조사 결과를 살펴보자면, 2012년 미국 인터넷 사용자에 대한 설문 결과 성인 62퍼센트가 누리집에서 그들에 대한 정보가 수집되는 것을 어떻게 제한하는지 모른다고 하였으며, 68퍼센트는 그들의 온라인 행동이 추적되고 분석되는 것을 좋아하지 않기 때문에 표적 광고도 싫어한다고 답했다(Purcell, Brenner, and Rainie 2012). 근래 유럽 시민에 대한 설문조사도 비슷한 결과를 보였다. 응답자의 69퍼센트는 그들에 대한 데이터 수집은 분명한 동의가 먼저 있어야 한다고 느꼈는데, 프라이버시 동의서를 충분히 읽는다고 답한 이는 18퍼센트에 불과했다. 응답자의 67퍼센트는 너무 길기 때문에 프라이버시 동의서를 읽지 않는다고 했고, 38퍼센트는 동의서가 불분명하거나 이해하기 너무 어렵다고 답했다. 또한 응답자의 69퍼센트는 자신들의 정보가 수집 당시와 다른 목적으로 사용될 수 있다는 사실에 우려를 나타냈고, 53퍼센트는 인터넷 회사가 그들의 개인 정보를 표적 광고에 사용하는 사실을 불편해했다(Eurobarometer 2015).

즉 지금 시점의 여론은 정부 감시와 인터넷 회사의 개인 데이터 수집, 저장, 분석 모두에 대해 대체로 부정적이다. 오늘날 대부분의 전문가는 데이터 프라이버시 법안에 업데이트가 필요하고 그 변화가 일어나고 있다는 데 동의한다. 2012년 유럽연합과 미국은 모두 데이터 보호와 프라이버시 정책에 대한 검토안과 개정안을 발표한 바 있다(European Commission 2012; Federal Trade Commission 2012; Kitchin 2014a, 173). 2013년 경제협력개발기구(OECD) 지침은 책임성 원칙의 구현을 보다 자세하게 규정하는 내용 등 여러 개정 내용을 넣어 더 확장되었다. 새 지침은 특히 데이터 수집자의 책임에 프라이버시 관리 프로그램을 마련하고 그 프로그램이 어떤 내용을 수반해야 하며 개인 데이터와 관련되는 위험 관리 체계를 어떻게 잡아야 하는지 명확히 규정하는 내용을 포함시켰다(OECD 2013).

2014년, 스페인 시민 마리오 코스테하 곤잘레스Mario Costeja Gonzalez는 유럽연합 재판소에서 구글을 상대로 한 자신의 잊힐 권리를 주장하는 소송(C-131/12 [2014])을 벌여 이겼다. 법원은 특정한 조건 아래에선 어떤 개인 이름으로 인터넷 검색엔진에서 검색했을 때 나오는 결과 가운데 어떤 페이지에 대한 링크를 제거하도록 검색엔진에 요구할 수 있다고 인정했다. 이 요구가 가능하려면 그 데이터가 부정확하거나 오래되었거나 기록, 통계 또는 과학적 목적의 필요보다 더 오랜 기간 유지되고 있다는 점 등이 인정되어야 한다. 이 판결은 물론 모든 인터넷 검색엔진에 큰 영향을 미쳤지만, 다른 빅데이터 축적자들에게 미치는 함의도 크다. 예를 들어 페이스북과 트위터와 같은 소셜미디어 사이트에 미칠 영향이 무엇인지는 아직도 분명하지 않다(Marr 2015). 잊힐 권리의 개념은 다른 사법 관할권에서도 인정됐다. 예를 들어 캘리포니아주의 '지우개' 법은 미성년자가 인터넷이나 모바일 서비스에 올린 게시글에 대해 당사자가 삭제를 요청할 권리를 인정한다. 또한 인터넷, 온라인 또는 휴대전화 서비스 회사가 자신이나 제3자의 표적 마케팅을 위해 미성년자에 대한 개인 데이터를 처리하는 것을 금지하고 있다.[10]

현재 일어나는 변화의 마지막 예로, 2016년 유럽연합-미국 간에 프라이버시 실드Privacy Shield 협정이 체결되고 도입된 것을 들 수 있다(European Commission 2016). 협정은 두 사법 관할권 사이에 데이터 프라이버시 의무가 조화를 이루도록 하는 것에 초점을 맞추고 있다. 목표는 유럽연합 시민의 데이터가 유럽연합 밖으로 나갈 때 그들의 데이터 보호 권리를 강화하는 데 있다. 이 협정은 데이터 사용의 투명성, 강한 관리감독 체계, 제재 가능성 등을 이용해 상업 회사에 더 강한 책임을 지우고, 동시에 공기관이 개인 데이터를 기록하거나 접근하는 것에 대한 제한과 감독 체계도 마련했다. 하지만 이 책이 쓰인 시점에, 유럽연합-미국 프라이버시 실드의 강제력과 실효성은 아일랜드 법원에서 시험대에 올라 있다. 아일랜드 사법 시스템이 논란의 중심에 놓인 이유는 많은 미국의 대형 다국적 인터넷 회사들(구글, 페이스북, 트위터 등)이 그들의 유럽, 중동, 아프리카 본부를 아일랜드에 두고 있기 때문이다. 그러니 아일랜드 데이터 보호 위원회가 이들 기업에 의해 발생한 국가 간 데이터 전송에 대해 유럽연합의 규제를 강제할 책임이 있다. 최근 일어난 일들은 개인 정보가 어떻게 다루어져야 하는지에 대해 법적 소송이 크고 빠른 변화를 가져올 수 있다는 점을 잘 보여준다. 사실 유럽연합-미국 프라이버시 실드는 오스트리아 변호사이자 프라이버시 활동가인 막스 슈렘스Max Schrems가 페이스북을 상대로 낸 소송의 직접적인 결과이다. 2015년 있었던 슈렘스 소송의 결과, 당시 있었던 유럽연합-미국 사이 세이프 하버Safe Harbor 협약은 즉각 폐기되었고, 비상 대응으로 유럽연합-미국 프라이버시 실드가 개발되어야 했다. 기존 세이프 하버 협약에 비해 프라이버시 실드는 유럽연합 시민의 데이터 프라이버시 권리를 강화하였으며(O'Rourke and Kerr 2017), 이후 마련될 어떤 새 프레임워크도 이 권리를 더욱 신장할 것으로 보인다. 예를 들어, 2018년 5월 발효된 유럽연합의 일반 데이터 보호 규정은 유럽 시민에 대한 데이터 보호에 법적 강제력을 부여했다.

데이터 과학 관점에서, 이들 사례는 데이터 프라이버시와 보호를 둘러싼 규제가 유동적이라는 사실을 잘 보여준다. 물론, 나열된 사례는 미국과 유럽연합의 것들이지만, 이들은 프라이버시와 데이터 규제와 관련한 더 큰 범위의 경향을 드러내고 있다. 이런 경향이 장기적으로 어떤 영향을 미칠지 예측하기는 매우 어렵다. 여기에는 여러 이해가 얽혀 있다. 대형 인터넷·광고·보험 회사들, 정보기관, 경찰 당국, 정부, 의료와 사회과학 연구자, 시민 자유 단체 등의 다양한 관심사를 생각해보라. 각 사회 영역의 다른 조직들은 데이터 사용에 대해 서로 다른 목적과 필요를 가지고 있으며, 따라서 데이터-프라이버시 규제가 어떻게 되어야 하는지에 대해서도 다른 관점을 가지고 있다. 나아가, 우리 개인도 각자 가지고 있는 생각에 따라 약간씩 다른 관점을 가지고 있을 것이다. 예를 들어 우리는 개인 정보가 의료 연구 목적으로 공유되고 재사용되는 것은 괜찮을 수도 있다. 반면 유럽연합과 미국을 대상으로 한 여론 조사를 보면 표적 광고를 위해 데이터가 수집, 재사용, 공유되는 것은 대부분 꺼리는 편이다. 데이터 프라이버시의 미래와 관련한 담론은 넓게 보아 두 관점이 있다. 하나는 개인 데이터 수집과 관련한 규제를 강화하고 일부 경우 개인이 자신의 데이터가 어떻게 수집, 저장, 사용되는지 통제하는 데까지 힘을 주어야 한다는 것이다. 다른 하나는 데이터 수집과 관련한 규제는 줄이되 동시에 개인 정보의 잘못된 사용은 보다 강력한 법으로 바로잡아야 한다는 것이다. 아주 많은 이해관계자와 관점이 있는 상황에서 프라이버시와 데이터로부터 제기되는 물음에 대한 쉽고 분명한 답은 없다. 이에 대한 궁극적인 해결책은 각 영역별로 다르게 도출되고 관련 이해관계자 사이 협상을 통한 절충점으로 구성될 것이다.

이런 유동적인 상황에선 보다 보수적이고 윤리적으로 행동하는 것이 최선이다. 비즈니스 문제에 대한 새로운 데이터 과학 해결책을 만들어갈 때마다, 개인 데이터와 관련해선 윤리적인 질문을 고려해봐야 한다. 그래야 하는 사업적 이유는 충분하다. 첫째, 개인 데이터를 윤리적이고 투명하게 활용하면 고객과 좋은 관계를 갖게 될 것이다. 개인 데이터의 부적절한 사용은 사업의 평판에 심각한 타격을 입힐 것이고 고객이 떠날 것이다 (Buytendijk and Heiser 2013). 둘째, 데이터 통합, 재사용, 프로파일링과 타깃팅이 심해지면 점차 데이터 프라이버시를 둘러싼 여론은 나빠질 것이고, 이는 더 엄격한 규제로 이어지게 된다. 의식적으로 투명하고 윤리적으로 행동하는 것이 개발 중인 데이터 과학 솔루션이 현재 규제나 이후에 만들어질지도 모르는 규제와 충돌하지 않도록 하는 최선의 방법이다.

아프라 커(Aphra Kerr 2017)는 기술 개발팀과 업체가 윤리적인 부분을 고려하지 않을 경우 어떤 심각한 결과를 초래할 수 있는지에 대한 2015년 사례를 보고한 바 있다. 이 사례는 '어린이에 대한 온라인 프라이버시 보호법Children's Online Privacy Protection Act'을 어긴 앱 게임 개발자와 판매사가 결국 미국 연방거래위원회에 벌금을 맞는 것으로 끝난다. 이 개발팀은 제3자 광고를 그들의 무료 게임에 결합시켰다. 이렇게 제3자 광고를 무료 게임에 결합하는 비즈니스 모델은 이 업계의 일반적인

관행이지만, 문제는 이 게임이 13세 미만의 어린이를 대상으로
했다는 점이었다. 게임은 사용자의 데이터를 광고 네트워크와
공유했는데, 이는 결국 어린이의 데이터를 공유하는 셈이었고
이는 어린이에 대한 온라인 프라이버시 보호법 위반이었던 것
이다. 동시에 한 사례에서 이 개발팀은 광고 네트워크에 앱이
어린이용이라는 것을 알리지도 않은 것으로 나타났다. 이 때문
에 부적절한 광고가 아이들에게 노출되었고, 연방거래위원회는
게임 판매자에게 사용자의 연령에 맞는 콘텐츠와 광고가 제공
되도록 하라고 명령했다. 이런 사례는 최근 점점 증가하고 있으
며, 연방거래위원회(2012)를 비롯한 많은 조직들이 프라이버시
중심 설계privacy by design의 원칙을 도입하도록 기업들에 요구
하고 있는 상황이다(Cavoukian 2013). 이 원칙은 1990년대에 개
발되었는데 프라이버시 보호를 위한 기초로 점차 세계적으로 받
아들여지고 있다. 기술이나 정보 시스템을 설계할 때 프라이버
시 보호가 기본 모드가 되어야 한다는 원칙이다. 이 원칙을 따르
기 위해선 설계자가 기술, 조직 행동, 네트워크 시스템 구축에 프
라이버시 요소를 의식적이고 선행적으로 집어넣어야 한다.

　데이터 과학을 윤리적으로 해야 한다는 점은 분명하지만, 윤
리적으로 행동하는 게 늘 쉬운 일은 아니다. 윤리적 데이터 과
학이라는 도전이 무엇인지 보다 구체적으로 생각해보기 위해
자신이 한 회사의 사업에 매우 중요한 프로젝트를 하고 있는 데

이터 과학자라고 가정해보자. 당신은 데이터를 분석하다가 함께 상호작용하는 여러 속성을 발견했는데, 이들 속성의 묶음은 사실상 인종(또는 종교, 성별 등 다른 개인적 속성을 상상해도 된다)을 나타낸다고 하자. 당신은 법적으로 당신의 모델에 인종 속성을 사용하면 안 된다는 것을 알지만, 이 속성의 묶음을 대신 사용하면 반차별법을 우회할 수 있다는 것도 안다. 또한 이들 속성을 모델에 포함하면 당신의 모델이 매우 잘 작동하리란 것도 안다. 비록 그런 성공적인 결과를 내는 이유가 기존 시스템 속에 있었던 차별을 강화하는 방식으로 모델이 학습하기 때문이란 점이 마음에 걸리긴 하지만 말이다. 자, 이제 스스로에게 물어보자. '나는 어떻게 할 것인가?'

7
미래 동향과 성공의 원칙

스마트폰, 스마트 홈, 자율주행 자동차, 스마트 도시 등 현실 세계를 감지하고 반응할 수 있는 시스템의 확산은 현대사회의 분명한 동향이다. 이런 스마트 기기와 센서의 급증은 프라이버시에 대한 도전이지만, 빅데이터의 성장과 사물 인터넷과 같은 신기술 패러다임의 발전 등을 추진하는 힘이기도 하다. 이런 맥락에서 데이터 과학은 우리 삶의 여러 영역에서 그 영향력을 늘려가게 될 것이다. 하지만 데이터 과학이 앞으로 수십 년 사이 특히 눈에 띄게 성장을 이끌 두 분야는 바로 개인화된 의료와 스마트 도시의 발전이다.

의료 데이터 과학

의료업계는 근래 몇 년 동안 데이터 과학과 예측 분석을 주목하고 도입해왔다. 의사는 환자 상태를 진찰하거나 무슨 치료를 할지 결정할 때 전통적으로 자신의 경험과 본능에 의지해왔다. 증거 기반 의료와 정밀 의료 운동은 의료적 결정이 데이터에 근거해야 하며, 가장 이상적으로는 개별 환자가 처한 상태와 선호에 대한 수집 가능한 최고의 데이터에 근거해야 한다고 주장한다. 예컨대 정밀 의료의 한 사례로, 빠른 유전체 염기서열 분석을 이용해 환자의 유전체에서 희귀병을 일으키는 돌연변이를 사전에 확인하는 게 가능해졌으며 이를 이용해 그 개인에 특화된 적절한 치료법을 설계하고 선택할 수 있게 되었다. 의료 영역에서 데이터 과학의 활용을 추동하는 다른 요소는 헬스 케어 비용이다. 데이터 과학, 그 가운데 특히 특정 예측 분석은 일부 건강관리 부문을 자동화하는 데 쓸 수 있다. 예를 들어, 아기와 성인에게 언제 항생제 등의 약을 처방해야 하는지 결정하는 데 예측 분석을 쓸 수 있으며, 이런 접근법 덕분에 여러 사람을 살린 사례도 널리 알려져 있다.

한 환자의 활력징후(바이털사인)나 행동, 장기의 기능 등을 하루 종일 끊임없이 모니터하기 위한 착용 또는 복용 또는 임플란트형 기기도 계속 개발되고 있다. 여기서 발생하는 데이터는 중앙의 모니터링 서버에 끊임없이 쌓이면서 모델을 개선한다. 건강관리 전문가는 이 모니터링 서버에 접속하기만 하면 모든 환자에 대한 생성 중인 데이터에 접근하고, 그들의 상태를 평가하고, 받고 있는 치료가 어느 정도 효과를 보이는지 파악하고, 각 환자의 결과를 비슷한 상태에 있는 다른 환자와 비교해서 각 환자 치료 계획에 다음 단계는 무엇이 되어야 하는지에 대한 정보를 얻는 등의 일을 모두 할 수 있다. 의료 과학은 이렇게 센서에서 생성된 데이터를 다른 의료 전문가, 제약 업계 같은 다른 부문이 가진 데이터와 결합해 새 의약품이 어떤 효과를 보이는지 알아낼 수도 있다. 환자의 유형, 상태, 다양한 치료에 대한 반응 등의 데이터에 근거해서 개인화된 치료 프로그램도 개발 중이다. 더불어 이런 새로운 형태의 의료 데이터 과학은 새 의료 연구와 주변의 상호작용, 보다 효과적이고 세밀한 모니터링 시스템, 임상 시험으로부터 더 좋은 통찰을 얻어내는 방법 등을 증진시키는 데 힘을 불어넣고 있다.

스마트 도시

세계 여러 도시는 도시의 조직, 시설, 서비스 등을 더 잘 관리하기 위해 그들의 시민이 생성하는 데이터를 수집하고 활용하는 새로운 기술을 도입하는 중이다. 이런 경향을 만들어낸 세 핵심 요소는 데이터 과학, 빅데이터, 그리고 사물 인터넷이다. '사물 인터넷'이라는 이름은 물리적 기기와 센서들이 상호 네트워킹하면서 기기 간의 정보를 공유하는 이 기술의 특징을 잘 묘사한다. 이제는 진부하게 들리겠지만, 이 기술은 우리가 원격으로 스마트 기기를 조작하게 해주고(예컨대 적절한 설비를 장만하면 집을 통제할 수 있다), 자동으로 우리 필요를 예측하고 그에 반응하는 스마트 환경을 구축하는 기계-기계 통신 네트워크의 가능성을 열어젖힌다(예를 들어 음식이 상할 것 같으면 미리 당신에게 알려주고 스마트폰을 통해 신선한 우유를 주문할 수 있게 해주는 스마트 냉장고가 이미 상품화되어 나온 바 있다).

스마트 도시 프로젝트는 여러 서로 다른 데이터 원천으로부터 하나의 데이터 허브로 데이터를 실시간으로 통합한 뒤, 함께 분석해서 관리자의 의사결정 계획에 유용한 정보를 제공할 수 있다. 일부 스마트 도시 프로젝트는 근본부터 스마트하도록 완전히 새로운 도시를 건설하는 내용이다. 아랍에미리트의 마스다시Masdar City와 한국의 송도는 모두 스마트 기술을 핵심에 두고 친환경적이고 에너지 효율적으로 완전히 새롭게 건설된 도시들이다. 하지만 대부분의 스마트 도시 프로젝트는 구 도시에 새 센서 네트워크와 데이터 처리 센터를 장착하는 방식으로 이뤄진다. 예를 들어 스페인의 스마트산탄데르SmartSantader 프로젝트[1]는 기온, 소음, 주위 밝기, 일산화탄소 수준, 주차 상태 등을 측정하기 위한 12,000개의 센서를 도시 곳곳에 설치했다. 스마트 도시 프로젝트는 보통 현재 인구의 필요나 성장에 따라 에너지 효율, 교통 흐름의 계획과 노선 설정, 필수 서비스 계획 등을 세우는 데 초점을 맞추게 된다.

일본은 에너지 사용을 줄이는 데 특별히 초점을 맞춰서 스마트 도시 개념을 도입했다. 도쿄전력회사Tokyo Electric Power Company는 1천만 개 이상의 스마트 미터를 서비스 지역의 전 가정에 설치했다.[2] 이 회사는 동시에 고객이 집에서 쓴 전력량을 실시간으로 추적하고 전기공급 계약 등을 바꿀 수 있는 스마트폰 애플리케이션을 개발해 배포했다. 이 스마트폰 앱을 통해 도쿄전력은 에너지 절약에 대해 고객마다 개인화된 조언을 보낼 수 있었다. 가정 밖에선, 지능형 도시 조명과 같은 스마트 도시 기술을 통해 에너지 사용을 줄일 수 있다. 글래스고 퓨처 시티 데몬스트레이터Glasgow Future Cities Demonstrator 프로젝트는 사람이 있는지에 따라 켜지고 꺼지는 도시 조명을 시범 운영하고 있다. 또 모든 새로운 건물들, 특히 큰 지역 정부나 상업시설용 건물의 최우선 고려사항 가운데 하나가 에너지 효율이다. 이런 건물의 에너지 효율은 센서 기술, 빅데이터, 데이터 과학의 결합을 봉한 자동 온도 조절 관리를 통해 최적화할 수 있다. 스마트 건물 모니터링 시스템의 추가적인 이득은 오염 수준, 공기의 질 등도 함께 관측할 수 있기 때문에 실시간으로 필요한 조치를 하거나 경고를 보낼 수 있다는 점이다.

교통은 도시에서 데이터 과학을 활용하는 또 다른 영역이다. 많은 도시들이 교통량을 모니터링하고 관리하는 시스템을 도입했다. 이런 시스템은 실시간 데이터를 활용해 도시를 가로지르는 교통의 흐름을 조절한다. 예를 들어 신호등 순서를 실시간으로 조절해서 필요한 경우 대중교통 차량이 먼저 움직이도록 우선권을 줄 수 있다. 시는 이동 경로, 스케줄, 차량 관리 등을 살펴봄으로서 가장 많은 수의 사람이 혜택을 보도록 지원할 수 있으며, 교통 서비스를 제공하면서 드는 비용을 절감할 수 있다. 대중교통 네트워크를 모델링하는 것 외에 시의 공무용 차량을 효과적으로 활용하는 데에도 데이터 과학을 쓸 수 있다. 이런 프로젝트는 (도로망이나 신호등 등에 설치된 센서를 통해 수집한) 교통 상황, 수행 중인 업무의 종류, 경로 계획을 최적화하는 데 필요한 다른 여건을 결합하고, 동적인 경로 수정 등의 데이터를 통해 공무 차량이 경로를 효과적으로 바꾸도록 실시간 업데이트를 해준다.

에너지 사용과 교통 외에 수도, 가스 등 편의 서비스 제공과 장기간에 걸친 사회 기반 시설 구축 계획 등을 향상시키는 데에도 데이터 과학이 쓰이고 있다. 필수 서비스를 효과적으로 제공하기 위해서는 현재 사용량과 예상 사용량에 대한 지속적인 모니터에 기반해야 하며, 비슷한 조건에서의 이전 사용량도 모니

226

터링 절차에 포함시켜야 한다. 서비스 회사는 데이터 과학을 여러 가지 방식으로 이용하고 있다. 그중 서비스 전달 네트워크의 모니터링에 활용하는 방법도 있다. 공급량, 공급의 질, 네트워크 문제, 예상보다 많은 양을 요구하는 지역, 자동화된 공급 경로 재설정, 네트워크의 이상 현상 등이 여기에 포함된다. 서비스 회사가 데이터 과학을 사용하는 다른 방법은 고객에 대한 모니터링에 쓰는 것이다. 범죄와 관련되어 있을 수 있는 특이한 사용(예컨대 마약을 몰래 재배하는 집의 사용 행태), 살고 있는 건물의 설비나 측정기를 고객이 조작한 경우, 사용 요금을 납부하지 않을 것으로 예상되는 고객을 찾는 것 등이 여기에 해당한다. 데이터 과학은 또한 주택 건설과 연관 서비스를 포함하는 도시 계획을 세우는 최선의 방법을 찾는 데에도 쓰이고 있다. 도시 계획가는 미래를 예측하기 위한 인구 증가 모델과 다양한 시뮬레이션에 기반하여 고등학교와 같은 필요 서비스 시설을 언제 어디에 건설해야 하는지를 추정할 수 있다.

데이터 과학 프로젝트 원칙: 프로젝트는 왜 성공하거나 실패하는가

데이터 과학 프로젝트는 가끔 어떤 기술적 또는 정치적 문제로

교착 상태에 빠지거나, 유용한 결과를 내놓지 못하거나, 더 흔하게는 한 번(또는 두 번 정도)은 작동했는데 다시는 작동하지 않는 등 실패하기도 한다. 레오 톨스토이의 《안나 카레니나》에 나오는 행복한 가정[3]에 대한 이야기처럼, 데이터 과학 프로젝트 성공은 여러 요소에 달려 있다. 성공적인 데이터 과학 프로젝트는 집중력, 좋은 품질의 데이터, 적합한 사람들, 여러 모델로 실험해보고자 하는 열성, 비즈니스 정보 기술(IT) 아키텍처 및 프로세스와 결합, 관리층의 승인, 현실 세계의 변화에 따라 뒤떨어진 모델을 반규칙적으로 다시 만들기 위한 조직의 인식 등이 필요하다. 이들 가운데 하나라도 문제가 있으면 프로젝트는 실패할 수 있다. 이 절에선 데이터 과학의 성공을 결정짓는 일반적인 요소와 데이터 과학이 실패하는 전형적인 이유를 자세히 살펴보겠다.

집중력

모든 성공적인 데이터 과학 프로젝트는 해결을 돕고자 하는 문제에 대한 또렷한 정의로부터 시작한다. 여러 모로 이는 상식적인 말이다. 분명한 목표가 없으면 어떤 프로젝트가 성공하긴 쉽지 않다. 잘 정의된 목표는 어떤 데이터를 사용할지, 어떤 기계 학습 알고리즘을 쓸지, 그 결과를 어떻게 평가할지, 분석 결과와 모델이 어떻게 쓰이고 적용될지, 공정을 다시 밟아 분석 결과와 모델을 업데이트해야 할 최적의 시기가 언제인지 등에 결정적 정보를 제공한다.

데이터

문제가 잘 정의되면 프로젝트에 어떤 데이터가 필요한지도 잘 정의할 수 있다. 어떤 데이터가 필요한지에 대한 분명한 이해는 필요한 데이터가 있는 곳으로 프로젝트를 이끌어 가는 데 도움이 된다. 이는 또한 현재 무슨 데이터가 사용 불가능한지 파악하고, 그 데이터를 수집해 사용 가능하도록 만드는 추가 프로젝트도 가능케 한다. 사용하는 데이터의 품질도 중요하다. 조직에는 엉성하게 설계된 애플리케이션, 나쁜 데이터 모델, 데이터를 잘 입력하도록 제대로 훈련 받지 못한 직원 문제 등이 있을 수 있다. 사실 무수히 많은 문제로 시스템에 질 나쁜 데이터가 들어올 수 있다. 좋은 품질의 데이터를 얻기 위해 일부 조직은 데이터를 끊임없이 조사하고, 그 품질을 평가하고, 애플리케이션 또는 입력하는 사람을 통해 수집하는 데이터 질을 어떻게 향상할 것인지에 대한 피드백을 제공하는 전문가를 고용하기도 한다. 좋은 품질의 데이터 없이 데이터 과학 프로젝트가 성공하긴 매우 어렵다.

필요한 데이터 원천을 확보할 때는 먼저 현재 어떤 데이터가 수집되어 조직 전체에 걸쳐 사용되고 있는지 확인해야 한다. 안

타깝게도 일부 데이터 프로젝트의 경우 이런 가용 데이터에 대해 조사하고 분석하기 전에, 거래 데이터베이스(또는 다른 데이터 원천)에서 가능한 데이터가 무엇인지 보고 바로 그 데이터를 직접 통합하고 정제해 데이터 원천을 확보하는 과정에 착수해버린다. 이런 접근법은 기존의 비즈니스 인텔리전스(BI) 팀, 그리고 있을지도 모르는 데이터 창고를 완전히 무시하는 방식이다. 많은 조직에서 비즈니스 인텔리전스와 데이터 창고 팀이 조직의 데이터를 이미 수집하고, 정제하고, 변형하고, 중앙 저장소에 통합하고 있는데, 만약 이미 데이터 창고가 있다면 그곳에 프로젝트에 필요한 모든 또는 대부분의 데이터가 있을 가능성이 있다. 즉 데이터 창고는 데이터를 통합하고 정제하는 데 필요한 상당한 시간을 절약해줄 수 있다. 또한 현재 거래 데이터베이스가 보유하고 있는 데이터보다 훨씬 많은 데이터를 가지고 있을 수도 있다. 만약 현재 쓰고 있는 데이터 창고가 있다면 이미 사용한지 몇 년이 되었을 수 있으며, 이 경우 과거 데이터를 통해 예측 모델을 구축하고 그 모델을 여러 시기에 적용해 모델의 예측 정확도를 측정하는 것까지도 할 수 있다. 이런 작업을 통해 데이터의 변화를 모니터링하고 그것이 모델에 어떤 영향을 미치는지 살필 수 있다. 또 추가로 기계학습 알고리즘을 통해 모델의 여러 변종을 살펴보고 모델이 시간에 따라 어떻게 진화하는지 보는 것까지 가능할 수도 있다. 이런 방식의 접근이 가능하면 조직은 모델이 여러 해에 걸쳐 어떻게 작동하고 행동하는지 보여줄 수 있으며, 무엇이 진행되고 있고 무엇을 이룰 수 있는지에 대해 고객의 신뢰도 쌓을 수 있다. 예를 들어 어떤 프로젝트는 데이터 창고에서 5년치의 과거 데이터를 발견하여 이를 이용해 그 시간 동안 회사가 어떻게 하면 4천만 달러를 절약할 수 있었는지 보여주었다고 한다. 만약 데이터 창고가 없었거나 또는 사용하질 않았다면, 이런 분석을 하는 게 불가능했을 것이다. 끝으로 개인 데이터를 사용하는 프로젝트라면 관련되는 반차별 규제와 프라이버시 규제에 저촉되지 않도록 하는 게 중요하다.

사람들

데이터 과학 역량과 기술을 함께 갖춘 사람들로 구성된 팀이 있을 때 성공적인 데이터 과학 프로젝트가 가능하다. 조직에 있는 다양한 역할의 사람들이 데이터 과학 프로젝트에 기여할 수 있으며, 또 그래야 한다. 데이터베이스를 다루는 사람, 추출·변환·적재(ETL) 공정을 하는 사람, 데이터 통합을 하는 사람, 프로젝트 매니저, 비즈니스 분석가, 도메인 전문가 등이 여기 포함된다. 하지만 빅데이터를 다룰 줄 알고, 기계학습을 적용해 현실 세계의 문제를 데이터 주도 솔루션에 맞게 정의할 수 있는 데이터 과학 전문가를 채용할 필요도 있을 것이다. 우수한 데이터 과학자는 관리자 팀, 최종 사용자, 그리고 데이터 과학이 무엇을 어떻게 도울 수 있는지 보여주고 설명해야 되는 모든 사람들과 함께 일을 하고 소통할 줄 알며 그런 의욕이 넘치는 사람이다. 필요한 기술적 스킬 세트와 조직 전반의 사람들과 소통하고 협업할 줄 아는 능력을 모두 갖춘 사람을 찾기는 쉽지 않다. 하지만 이를 두루 갖춘 이는 대부분 조직에서 데이터 과학 프로젝트를 성공시키는 데 결정적인 역할을 한다.

모델

데이터 세트와 무엇이 가장 잘 맞는지 여러 기계학습 알고리즘을 실험해보는 것은 중요한 일이다. 문헌에는 주어진 사례에 대한 단 하나의 기계학습 알고리즘만 쓴 경우가 매우 많은 편이다. 이는 저자가 가장 잘 작동한 알고리즘만 언급했기 때문이거나 또는 그것이 가장 좋아하는 알고리즘이기 때문일 것이다. 현재는 신경망과 딥러닝이 많은 관심을 받고 있다. 하지만 쓸 수 있는 다른 여러 알고리즘들이 있으며, 이런 대안들을 반드시 검토하고 실험해야 한다. 나아가 유럽연합 지역의 데이터 과학 프로젝트의 경우, 2018년 4월부터 발효된 일반 데이터 보호 규정(GDPR)이 알고리즘과 모델 선택에 있어서 중요 요소가 될 것이다. 이 규정의 부수 작용 가운데 하나는 개인이 자신에게 영향을 미칠 수 있는 자동화된 의사결정 절차와 관련해 '설명을 받을 권리'를 요구할 수 있게 되어서 (심층 신경망 모델과 같은) 해석하고 설명하기 어려운 복잡한 모델은 일부 영역에서 사용이 제한될 수 있다는 것이다.

비즈니스와 통합

데이터 과학 프로젝트의 목표를 정의할 때 프로젝트의 생산물과 결과가 조직의 정보기술(IT) 아키텍처와 비즈니스 공정에 어떻게 결합될 수 있는지 정의하는 것은 필수이다. 이렇게 해야만 모델이 기존 시스템의 어디에 어떻게 결합되는지 미리 파악할 수 있으며, 산출되는 결과가 시스템의 최종 사용자에게 어떻게 쓰이는지, 다른 공정에 쓰일 수는 없는지 등을 알 수 있다. 이런 공정이 더 자동화되어 있을수록, 조직은 고객의 변화하는 프로파일에 따라 더 빠르게 대응할 수 있으며 비용을 줄이고 수익을 늘릴 가능성도 따라서 높아진다. 예를 들어, 은행에서 대출 절차에 대한 고객 위험 모델이 구축되어 있으면, 고객이 대출 신청을 할 때 이를 받아들이는 프론트-엔드front-end 시스템에 결합할 수 있을 것이다. 그러면 은행 직원은 대출 신청서를 입력할 때 그 모델로부터 실시간 피드백을 받을 수 있다. 이 실시간 피드백은 고객과 관련되는 어떤 문제건 해결하는 데 이용할 수 있다. 다른 예는 사기 탐지다. 조사가 필요한 사기 혐의 사례를 찾아내는 데에는 보통 4주에서 6주가량의 시간이 걸릴 수 있다. 하지만 데이터 과학 분석과 그 결과를 거래 모니터링 시스템에 결합시키는 방법을 이용하면, 사기 혐의 사례를 거의 실시간에 가깝게 찾아낼 수 있다. 데이터 기반 모델을 자동화하고 결합함으로써, 반응 속도는 더 빨라지며, 적기 대응의 가능성도 높아진다. 프로젝트의 산출물과 모델이 조직의 비즈니스 공정에 결합되지 않으면 이런 결과를 얻을 수 없으며, 궁극적으로 프로젝트도 실패할 것이다.

승인

조직의 대부분 프로젝트에서 고위 관리직의 지원은 데이터 과학 프로젝트의 성공에 필수적이다. 하지만 많은 고위 정보기술 (IT) 관리자는 당장 당면한 문제에만 초점을 맞추는 경우가 많다. 저 작업의 불이 꺼지게 해선 안 된다. 애플리케이션이 그날그날 완전히 작동하도록 하라, 백업과 복구 프로세스가 잘 되어 있는지 확인하라(테스트하라) 등등이다. 그래서 (정보기술 관리자보단) 비즈니스 고위 관리직의 후원을 받아야 데이터 과학 프로젝트가 성공하는 경우가 많은데 왜냐하면 비즈니스 고위 관리직은 구체적인 기술보다 데이터 과학 프로젝트가 연관되는 조직 공정과 프로젝트의 결과물이 어떻게 조직 전체에 득이 되는지 등에 초점을 맞추기 때문이다. 프로젝트의 후원자가 이런 요소에 더 초점을 맞출수록 프로젝트가 성공할 가능성도 높아진다. 이 후원자는 조직의 다른 이들에게 프로젝트를 알리는 핵심 역할을 하게 되며 그들을 설득할 수 있다. 하지만 이런 고위 관리자를 내부의 강력한 지지자로 두고 있더라도, 조직 안에서 초기 데이터 과학 프로젝트가 관료가 지시한 형식적 업무 가운데 하나처럼 다뤄지면 데이터 과학은 장기 과제의 하나로 전락하고 말 것이다. 조직이 데이터 과학을 단 한 번뿐인 프로젝트인 것처럼 생각해선 안 된다. 그 효과를 조직이 오랫동안 보기 위해선 데이터 과학 프로젝트를 수시로 수행하고 그 산출물을 활용할 줄 아는 역량을 키워야 한다. 이는 데이터 과학을 하나의 전략으로 보는 고위 관리층의 지속적인 신념이 있어야 가능하다.

반복

대부분의 데이터 과학 프로젝트는 반규칙적으로 업데이트되고 신선하게 유지되어야 한다. 각 업데이트 또는 반복 때마다 새 데이터가 추가되거나, 새 업데이트가 더해지거나, 새 알고리즘을 쓰는 일 등등이 있을 수 있다. 반복의 빈도는 프로젝트마다 다를 것이다. 매일이나 분기마다 또는 반년이나 일 년마다 있을 수 있다. 상품화된 데이터 과학 산출물의 경우 언제 모델 업데이트가 필요한지를 감지하는 확인 기능이 안에 꼭 포함돼 있어야 한다(언제 모델이 업데이트가 필요한지 확인하기 위한 안정성 인덱스를 사용하는 방법에 대한 설명은 Kelleher, Mac Namee, and D'Arcy 2015를 참조).

책을 마치며

인간은 늘 세계를 추상화하고 경험에서 패턴을 찾아내 세계를 이해하고자 해왔다. 데이터 과학은 이런 패턴 찾기 행동의 최신 버전이다. 데이터 과학의 역사는 길지만 현대에 들어서 삶에 가져온 충격의 범위는 전례가 없다. 현대사회에서 정밀precision, 스마트smart, 표적targeted, 개인화personalized 등의 용어는 보통 데이터 과학 프로젝트가 관여됐다는 표시이다. 정밀 의료 precision medicine, 정밀 치안precision policing, 정밀 농업precision agriculture, 스마트 도시smart cities, 스마트 운송smart transport, 표적 광고targeted advertising, 개인화 엔터테인먼트personalized entertainment 등이 그 예이다. 인간 삶과 이들 분야를 아우르는 공통의 요소는 의사결정이 들어가 있다는 점이다. 이 환자에게 어떤 치료를 해야 하는가? 치안 자원을 어디에 할당해야 하는가? 얼마나 많은 비료를 뿌려야 하는가? 다음 4년 동안 얼마나 많은 고등학교를 지어야 하는가? 이 광고를 누구에게 노출해야 하는가? 이 사람에겐 어떤 영화나 책을 추천해야 하는가? 의사결정을 도울 수 있다는 점이야말로 데이터 과학의 도입을 추동하는 힘이다. 잘 수행되면, 데이터 과학은 더 좋은 의사결정과 궁극적으로 더 좋은 결과를 낼 수 있는 실행 가능한 통찰을 제공할 수 있다.

오늘날 데이터 과학은 빅데이터와 연산력, 그리고 (데이터 마이닝과 데이터베이스 연구에서부터 기계학습을 포함하는) 여러 과학적 시도에서 나타나는 인간의 기발함 등에 힘을 받고 있다. 이 책은 데이터 과학을 이해하기 위한 근본적인 아이디어와 개념 등을 개괄하고 있다. 크리스프-디엠 프로젝트 생애 주기는 데이터 과학 공정을 뚜렷하게 나타내고, 데이터로부터 지혜를 얻기까지 여정에 구조를 제공한다. 문제 이해하기, 데이터 준비하기, 기계학습으로 패턴을 추출하고 모델을 만들기, 모델을 써서 실행 가능한 통찰을 얻기가 그것이다. 이 책은 또한 데이터 과학 세계에서 개인의 프라이버시와 관련해 떠오르고 있는 윤리적 문제에 대해서도 다루었다. 정부와 기득권이 데이터 과학을 이용하면 우리의 행위를 조작하고 행동을 통제할 수 있다는 우려는 실재하며, 분명한 근거가 있다. 개인은 어떤 종류의 데이터 세계에 살길 원하는지, 우리 사회가 데이터 과학을 맞는 방향으로 이끌어가기 위해 어떤 법을 개발해야 하는지 등과 관련해 충분한 정보를 받고 자신의 의견을 도출할 수 있어야 한다. 윤리적 우려에도 불구하고, 데이터 과학이라는 요정은 이미 램프 밖으로 나왔다. 데이터 과학은 우리 삶에 이미 많은 영향을 미치고 있으며 앞으로도 그럴 것이다. 적합하게 쓰이면, 이 기술은 우리 삶을 향상시킬 잠재력이 있다. 우리가 일하고 있는 조직이, 살고 있는 공동체가, 인생을 함께하는 가족이 데이터 과학의 혜택을 보길 원한다면, 데이터 과학이 무엇이고 어떻게 작동하는지, 그리고 무엇을 할 수 있고 할 수 없는지 이해하고 탐구해볼 필요가 있다. 이 책이 그 여정을 시작하기 위한 핵심 토대가 되기를 바란다.

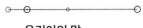

옮긴이의 말

2019년 2월 영국 의회의 디지털, 문화, 미디어와 스포츠 위원회 Digital, Culture, Media and Sport Committee는 의미심장한 보고서를 냈다. 제목은 '조작적 허위정보disinformation와 페이크 뉴스fake news에 대한 최종 보고서'였다('fake news'는 '가짜 뉴스'로 번역되곤 하는데 현재 우리나라에서 이 말은 자신의 마음에 들지 않는 매체를 공격하는 단어로 오염되어서 구분지었다). 영국뿐 아니라 우리나라와 세계 여러 곳에서 공통된 심각한 문제로 나타나고 있는 조작적 허위정보에 대한 영국 의회의 18개월에 걸친 집중 조사의 산물이다.

보고서는 108쪽에 걸쳐 페이스북 등을 통한 허위정보의 확산이 사회에 얼마나 큰 해를 끼쳤으며 이 플랫폼 회사가 어떻게 책임을 다하지 않았는가를 신랄하게 비판하였다. 그런데 가장 눈에 띄는 대목은 이것이었다. 사회관계망서비스(SNS) 등 각종 온라인 채널을 통한 허위정보의 확산으로 인해 '(우리의) 선거법은 이제 더 이상 그 목적에 부응하지 못한다'는 것이다. 영국 의회가 민주주의의 근간인 선거가 뒤흔들린다고 할 정도로 프로파간다 기술이 고도화된 배경에는 '데이터'가 있다.

위원회는 세계적 이슈로서 영국과 유럽연합의 운명을 가른 바 있는 2016년 이른바 '브렉시트BREXIT' 국민투표를 비롯해 2014년 스코틀랜드 독립투표나 2017년 총선 등에서 페이스북에서 이뤄진 정치 광고와 러시아 첩보국의 심리전 등의 영향을 살폈다. 여기에 중요한 플레이어로 등장하는 것이 데이터 분석 컨설팅 회사 '케임브리지 어낼리티카Cambridge Analytica'이다. 이 회사는 페이스북을 통해 세계 8,700만 명의 개인정보를 수집해 이들의 성격을 분류, 분석하고 그에 따른 맞춤형 정치 광고로 브렉시트와 2016년 미국 대선의 여론을 조작했다는 스캔들로 세계를 떠들썩하게 한 바 있다.

데이터 분석이 민주주의의 근간을 위협할 수도 있다는 사실은 우리가 왜 데이터 과학에 전에 없이 더 관심을 가져야 하는지를 잘 드러낸다. 선거는 충분한 정보를 갖고 있고 이를 잘 이해할 수 있는 시민을 위한 제도이다. 데이터 과학이 우리 정치 제도의 핵심까지 영향을 미친다면 대중이 그것을 잘 이해하는 것은 나쁜 영향을 막는 좋은 방법이 된다.

물론 데이터 과학이 미치는 영향은 이런 여론조작 따위에 국한되지 않는다. 정치 분석, 사회 연구, 도시 계획, 마케팅과 조직 효율화 등 오늘날 사회 각 분야에 쓰이지 않는 곳이 없다. 그리고 프로파간다와 같은 안 좋은 목적보다 우리 삶을 보다 윤택하게 하는 좋은 목적으로 활용되는 곳이 더 많다. 데이터 과학을 통해 우리는 없던 신약을 개발해 병으로 고통 받는 이를 도울 수 있고, 분석할 엄두도 못 내던 각종 천문 데이터를 분석해 우주의 더 깊은 곳을 탐험할 수 있으며, 에너지 사용의 효율성을 높여 지구온난화를 늦출 수 있다.

이런 이유 등으로 시중에는 데이터 과학에 대한 많은 책이 나와 있다. 아일랜드 더블린공과대학교에 있는 정보통신 및 엔터테인먼트 연구소Information, Communication, and Entertainment Research Institute의 존 켈러허와 같은 대학 컴퓨터과학부 강사 브렌던 티어니가 쓴 이 책은 학문적 기초, 기술적 응용, 윤리 세 측면을 적절한 황금 비율로 다루고 있다는 점에서 다른 책들과 다르다. 디지털, 정보통신(IT)과 과학 분야 출입 기자로서의 경험 및 컴퓨터와 저널리즘 융합 학위 연수 등 지난 6년여 동안 데이터 과학 분야의 여러 책을 보아왔는데 이런 책들은 대개 세 부류 가운데 하나로 나눌 수 있는 것 같다. 첫째, 컴퓨터 기술 활용에 대한 실용서적이다. 데이터 분석과 관련 프로그래밍 등에 대한 기술적인 내용을 주로 다루는 책이다. 둘째, 빅데이터 시대를 소개하는 경영 및 자기계발 분야 서적이다. 주로 상업적 기획에 초점을 맞추면서 이른바 '4차 산업혁명'을 어떻게 맞아야 하는지에 대한 내용을 다룬다. 셋째, 데이터와 디지털 문화의 위험을 다룬 책이다. 이런 기술이 사회와 인간에 미치는 영향을 검토한 비판서들이다. 이 책은 균형 감각을 갖추고 이런 세 분야를 모두 아우르고 있다.

무엇이든 새로운 것을 접할 때는 시작이 어렵다. 시작부터 너무 자세한 부분까지 깊숙이 들어가면 벗어나고 싶은 생각이 커지기 마련이다. 그렇다고 너무 얕으면 하나마나하다는 생각이 든다. 이 책은 깊이에서도 적절한 균형을 잡고 있다. 데이터 과학 전반에 대한 소개뿐 아니라 선형회귀나 신경망, 의사결정 나무 등 기계학습의 주요 알고리즘과 개념 등에 대해 설명하는 대목에선 수학적인 내용까지 다루고 있지만 고등학교 수학 과정을 공부한 사람이면 이해할 수 있을 정도로 적절한 선을 유지했다. 이런 학문적 개념까지 다루고 있기 때문에 단지 "기계학습이 이런 놀라운 일을 할 수 있다"나 "빅데이터 분석이 사회를 이렇게 바꾸고 있다" 정도만 다루는 책들과 분명한 차별점을 지닌다.

학문을 기반으로 한 저자가 이런 굳건한 이론적 토대를 깔고 그 위에서 데이터 과학을 소개하는 책이기 때문에 데이터 과학에 대한 장밋빛 환상이나 백해무익하다는 식의 비판, 어느 한쪽에 치우치지 않는다. 4장 '기계학습 101'에서 기계학습의 편향bias을 다룬 부분이 대표적이다. 보통 인공지능과 동급의 개념으로 쓰곤 하는 기계학습에는 여러 분석 알고리즘이 있다. 학습 편향이란 이런 알고리즘이 저마다 가지고 있는 '대상을 일반화하는 독특한 방식 또는 한계'를 말한다. 예를 들어 선형회귀라는 알고리즘은 어떤 대상 X와 Y의 관계를 늘 선형, 즉 $Y=3X+2$와 같은 선의 관계로만 보려 한다는 뜻이다. 이 책은 알고리즘이 저마다 이런 자기만의 '고집'이 있기 때문에 모든 경우에 맞는 '최고의 알고리즘' 따위는 없다는 점을 강조한다. 그리고 중요한 것은 어떤 대상에 어떤 알고리즘을 쓰는 것이 맞는지에 대한 인간의 판단이라는 점을 덧붙인다. 이런 설명은 맥락 속에 있기 때문에 단순히 '인공지능의 판단을 모두 믿으면 안 돼'라는 서술보다 훨씬 유익하고 흥미롭다. 유일한 우려는 원문의 이런 탁월함을 번역이 제대로 살리지 못했을 수 있다는 점이다.

물론 이 책이 완벽한 것은 아니다. 번역을 하면서 개인적으로 아쉬웠던 점은 미국에 다소 기운 시각이었다. 예를 들어 데이터 기술을 감시의 방편으로 사용하는 것이 사회의 안전을 증진시킬 수도 있다는 주장의 근거로서 미국 국가안보국이 17억 달러를 들여 데이터 센터를 건설한 점을 언급한 부분 등이다. 이런 대규모 투자가 곧 데이터 감시가 안보를 증진한다는 직접 근거가 될 수 없을 뿐 아니라, 그 시설이 결국 내부고발자 에드워드 스노든이 밝힌 편법과 불법의 대량감시 인프라였다는 점에서 별로 좋은 예는 아니었던 듯싶다. 하지만 이런 부분은 일부에 불과하며 데이터의 활용과 프라이버시의 균형에 대해서도 이 책은 적절한 균형 감각을 유지하고 있다.

2016년 브렉시트가 과연 공정하게 치러진 투표인가에 대한 의문을 제기했던 것과 유사한 정도의 문제가 아직 국내에서 있었다고 보긴 어렵다. 케임브리지 어낼리티카의 주장에 따르면 이들은 각 개인에 대한 무려 5천 개의 데이터 속성을 분석해 이들의 정치적 선호 등을 파악하고 이를 비틀기 위한 각종 온라인 선전 기법을 쓴 것으로 보인다. 하지만 비록 그런 고도의 기술을 쓰진 않았더라도 국내에서도 대중의 의식을 조작하겠다는 똑같은 목적의 시도는 여럿 있었다. 국가정보원의 대선 트위터 여론 조작 시도나 드루킹 댓글 조작 사건 등이 그러하다. 차이가 있다면 단지 '무기'가 달랐을 뿐이다. 데이터 분석이라는 무기가 그런 의도를 지닌 자들의 손에 들어가면 우리라 해서 같은 위험으로부터 자유로울 수 있을까? 아니, 그런 비슷한 시도가 이미 우리의 디지털 세상에서 이루어지고 있지만 우리가 아직 발견하지 못했을 뿐인 가능성은 없는 것일까? 이런 문제를 사전에 감시하고, 적발되었을 때 심각성을 인지하여, 합리적인 대응책을 민주적으로 만들어갈 수 있는 가장 좋은 방법은 '데이터 과학'에 대해 아는 것이다. 이 책이 업무나 학술적으로 데이터 과학에 관심 있는 이들뿐 아니라, 데이터가 사회와 가족에 미치는 영향이 궁금한 모든 시민에게 좋은 출발점이 되리라고 믿어 의심치 않는다.

2019년 9월
권오성

용어설명

DIKW 피라미드 DIKW pyramid

데이터(data), 정보(information), 지식(knowledge), 지혜(wisdom)의 관계를 구조화한 모델. DIKW 피라미드는 데이터로부터 정보가 오고, 정보로부터 지식이 오며, 지식으로부터 지혜가 온다고 본다.

거래 데이터 transactional data

어떤 제품의 판매, 청구서의 발부, 상품의 배달, 신용카드 지불 등과 같은 거래 관련 정보.

고성능 컴퓨팅 high-performance computing(HPC)

수많은 컴퓨터를 연결해 컴퓨터 클러스터를 만들고 이를 이용해 많은 양의 데이터를 효과적으로 저장하고 처리하기 위한 프레임워크를 설계하고 실행하는 분야를 말한다.

관계형 데이터베이스 관리 시스템
relational database management system(RDBMS)

에드가 F. 코드(Edgar F. Codd)의 관계형 데이터 모델에 기반한 데이터베이스 관리 시스템. 관계형 데이터베이스는 한 행이 하나의 인스턴스, 한 열이 하나의 속성인 표의 집합으로 데이터를 저장하는 데이터베이스이다. 표 사이의 연결은 여러 표에 동시에 있는 키 속성을 통해서 만들 수 있다. 이런 구조는 표에 있는 데이터에 대한 작업을 정의하는 구조화된 질의어(SQL)에 적합하다.

구조화된 데이터 structured data

표에 저장할 수 있는 데이터. 표의 인스턴스(사례, 개체 등으로 불리며 표의 한 행에 해당)는 모두 똑같은 속성 세트를 갖는다. 비구조화된 데이터와 대비되는 말이다.

구조화된 질의 언어 Structured Query Language(SQL)

데이터베이스 질의를 정의하는 국제적 표준.

군집화 clustering

한 데이터 세트에서 비슷한 인스턴스들의 집단을 구분해내는 일.

기계학습 machine learning(ML)

데이터 세트로부터 유용한 패턴을 추출할 수 있는 알고리즘을 개발하고 평가하는 데 초점을 맞추는 컴퓨터 과학 연구의 한 분야. 기계학습 알고리즘은 데이터 세트를 입력값으로 받아 그 데이터로부터 알고리즘이 추출한 패턴을 코드화한 모델을 내놓는다.

날 (또는 원) 속성 raw attribute

어떤 개체로부터 직접 측정해 얻은 속성을 말한다. 예를 들어, 사람의 키가 여기 해당한다. 파생 속성과 대비된다.

대량 병렬 처리 데이터베이스 massively parallel processing database(MPP)

데이터를 여러 서버에 분할하고 각 서버가 서버 안에서 독립적으로 데이터를 처리할 수 있는 데이터베이스를 말한다.

데이터 data

데이터 한 조각의 가장 기본적인 형식이란 실제 세계의 어떤 대상(사람, 사물, 또는 사건)에 대한 추상화(또는 측정)이다.

데이터 과학 data science

큰 데이터 세트의 데이터를 분석해서 실행 가능한 통찰을 추출해내는 문제 정의, 알고리즘, 공정 등을 통합해 일컫는, 최근에 생겨난 과학의 한 분야를 말한다. 데이터 마이닝 부문과 밀접한 연관이 있지만 뜻의 범위와 관련 대상 등이 더 넓다. 구조화된 데이터와 비구조화된 (빅)데이터를 모두 다루며 기계학습, 통계, 데이터 윤리와 규제, 고성능 컴퓨팅 등 여러 분야의 원리를 포함하는 개념이다.

데이터 마이닝 data mining

잘 정의된 문제를 풀기 위해 데이터 세트로부터 유용한 패턴을 추출하는 작업. 크리스프-디엠(CRISP-DM)이 데이터 마이닝 프로젝트의 전형적인 라이프 사이클을 정의하고 있다. 데이터 과학과 밀접히 연관되지만 뜻의 범위가 그만큼 넓진 않다.

데이터 마이닝을 위한 범 산업 기준 프로세스
cross industry standard process for data mining(CRISP-DM)

크리스프-디엠(CRISP-DM)은 데이터 마이닝 프로젝트의 기본 라이프 사이클을 정의한
다. 여러 데이터 과학 프로젝트가 이 라이프 사이클을 도입해 이뤄진다.

데이터베이스 database

데이터의 중앙 저장소. 가장 흔한 데이터베이스의 구조는 관계형 데이터베이스 구조로,
한 인스턴스가 한 행에, 한 속성이 한 열에 들어가는 표의 형태로 데이터를 저장하는 식
이다. 이는 자연적인 속성에 따라 데이터를 분해해 명료한 구조로 저장할 수 있는 이상
적인 방식이다.

데이터베이스 내장 기계학습 in-database machine learning

데이터베이스 솔루션 안에 내장되어 있는 기계학습 알고리즘을 활용하는 것을 말한다.
데이터베이스 내장 기계학습을 이용하면 분석을 위해 데이터베이스 안팎으로 데이터를
옮기는 데 들어가는 시간을 절약할 수 있다.

데이터 분석 data analysis

데이터로부터 유용한 정보를 뽑아내는 모든 작업을 말한다. 데이터 분석의 종류에는 데
이터 시각화, 요약 통계, 상관관계 분석, 기계학습을 이용한 모델링 등이 있다.

데이터 세트 data set

복수의 속성으로 묘사된 여러 개의 인스턴스가 모여 있는 데이터의 집합. 가장 기본적인
형태는 n이 인스턴스의 숫자(행), m이 속성의 숫자(열)인 n×m의 행렬이다.

데이터 창고 data warehouse

한 조직의 여러 다양한 원천에서 온 데이터를 담고 있는 중앙의 저장소. 결합된 데이터
에 대한 요약 보고서를 제공하기 위해 담은 데이터를 구조화시킨다. 데이터 창고에서 일
어나는 일반적인 작업을 일컫는 말이 온라인 분석 공정(Online analytical processing,
OLAP)이다.

딥러닝 deep learning

딥러닝 모델이란 복수의 숨겨진 유닛(또는 뉴런) 층을 가지고 있는 신경망이다. 신경망 내
뉴런 층의 숫자가 많다는 뜻에서 심층이라고 한다. 보통 수십, 수백 개의 층을 가지고 있다.
딥러닝 모델의 힘은 초반 층에 있는 뉴런이 학습을 통해 어떤 속성이 되고, 후반 층에 있는
뉴런이 그 속성으로부터 파생되는 다른 유용한 속성을 학습할 수 있는 능력에서 온다.

메타데이터 metadata

다른 데이터의 구조와 특성을 묘사하는 데이터. 예를 들어 어떤 데이터가 언제 수집되었는지를 기록한 타임 스탬프(time stamp) 같은 것을 말한다. 메타데이터는 가장 흔한 종류의 방출 데이터이다.

모델 model

기계학습 분야에서 모델이란 데이터 세트로부터 기계학습을 이용해 추출한 패턴의 표현 형태를 말한다. 따라서 모델은 데이터 세트에 맞게 훈련되는, 즉 데이터 세트를 기계학습 알고리즘에 넣고 돌려서 만들어지는 것이다. 이런 모델 형태 가운데 유명한 것으로 의사 결정 나무와 신경망 등이 있다. 예측 모델은 여러 입력 속성으로부터 목표 속성의 값이 연결되는 매핑 방법(또는 함수)을 정의한다. 모델이 만들어지고 나면, 해당 도메인의 새 인스턴스에도 적용할 수 있다. 예를 들어 스팸 필터 모델을 훈련시키려면, 스팸인지 아닌지 구분이 된 과거 전자우편의 데이터 세트를 기계학습 알고리즘에 적용시킨다. 이렇게 모델이 훈련되면 새 전자우편에도 적용해 스팸 여부를 구분(필터)할 수 있는 것이다.

목표 속성 target attribute

예측 과제에서 예측 모델이 훈련을 통해 추정하고자 하는 값의 속성.

방출 데이터 exhaust data

데이터 포획이 주목적이 아닌 다른 작업에서 부산물로 생성되는 데이터. 예를 들어 공유 이미지, 트윗, 리트윗, 또는 좋아요 등을 하는 과정에서 누구에게 공유됐는지, 누가 봤는지, 어떤 기기를 이용해 봤는지, 어느 시간에 봤는지 등과 같은 다양한 방출 데이터가 생성된다. 포획 데이터(captured data)와 대비되는 말이다.

분류 classification

한 인스턴스의 입력 속성들을 바탕으로 목표 속성의 값이 무엇이 될지 예측하는 작업으로, 이때 목표 속성의 종류는 명목형 또는 순서형 데이터여야 한다.

분석용 기초 표 analytics base table

한 행은 하나의 특정 인스턴스와 관련된 데이터, 한 열은 각 인스턴스의 특정 속성에 대한 값으로 구성된 표이다. 이런 데이터는 데이터 마이닝이나 기계학습 알고리즘의 기초 입력값이 된다.

비정형 데이터 unstructured data

데이터 세트의 각 인스턴스가 자신만의 내부적인 구조를 가지고 있는 데이터의 한 종류.

즉, 각 인스턴스의 구조가 반드시 서로 같은 것이 아니다. 예를 들어 텍스트 데이터는 보통 비구조화되어 있으며, 각 인스턴스를 구조화된 표현형식으로 추출하려면 여러 공정을 적용해야 한다.

비지도 학습 unsupervised learning

데이터에서 규칙적인 패턴을 찾는 것이 목표인 기계학습의 한 형태. 이 규칙은 데이터에서 비슷한 인스턴스를 묶는 클러스터일 수도 있고 속성 간의 규칙적 패턴일 수도 있다. 지도 학습과 다르게 비지도 학습에는 데이터 세트에 미리 정의된 목표 속성이 없다.

빅데이터 big data

빅데이터는 보통 세 개의 V로 정의된다. 데이터의 극단적인 양(volumne), 데이터 종류의 다양성(variety), 이런 데이터 처리에 요구되는 속도(velocity)가 그것이다.

사물 인터넷 internet of things

물리적 기기와 센서들이 상호 네트워크에 접속함으로써 이들 기기 간에 정보를 공유하는 것. 기계가 정보를 공유할 뿐 아니라 그 정보에 반응도 할 수 있는 시스템을 개발하는 사물지능통신(machine-to-machine communication), 인간의 개입 없는 방아쇠 작용 등을 포함한다.

상관관계 correlation

두 속성 사이 연관의 강도.

선형회귀 linear regression

선형 관계를 가정하는 회귀분석을 선형회귀(linear regression)라 한다. 여러 숫자형 입력 속성으로부터 숫자형 목표 속성의 값을 예측할 때 쓰는 유명한 예측 모델이다.

속성 attribute

데이터 세트의 각 인스턴스는 여러 개의 속성(특징 또는 변수라고도 함)으로 묘사된다. 하나의 속성은 인스턴스와 관련되는 한 조각의 정보를 담고 있다. 속성에는 날 것의 속성과 파생 속성이 있다.

스마트 도시 smart city

스마트 도시 프로젝트는 일반적으로 여러 다양한 데이터 원천으로부터 나온 데이터를 하나의 데이터 허브에서 실시간으로 결합하고, 그곳에서 분석을 통해 시 관리자와 계획,

결정 과정에 유용한 정보를 제공하는 프로젝트를 말한다.

신경망 neural network
뉴런이라는 단순한 처리 유닛의 네트워크 형태로 구현되는 기계학습 모델의 하나다. 네트워크 내 뉴런의 위상구조를 바꿈으로써 다양한 종류의 서로 다른 신경망을 만들어내는 것이 가능하다. 완전히 연결된 피드포워드(정보가 앞으로만 전달됨) 신경망이 매우 흔한 종류의 신경망으로, 역전파 기술을 이용해 훈련시킬 수 있다.

역전파 backpropagation
역전파 알고리즘은 신경망을 훈련시키는 데 쓰이는 기계학습 알고리즘의 하나다. 이 알고리즘은 신경망의 각 뉴런이 신경망 전체의 오차에 얼마나 기여하고 있는지 계산해낸다. 각 뉴런의 오차 계산 결과를 이용하면 각 뉴런으로 들어가는 입력값의 비중을 업데이트하여 네트워크 전체의 오류를 줄일 수 있다. 역전파 알고리즘의 이름은 이 알고리즘 공정의 두 단계로부터 왔다. 첫 번째 단계에서 하나의 인스턴스가 신경망으로 들어오면 신경망이 그 인스턴스에 대한 예측값을 내놓을 때까지 정보가 신경망을 타고 전달되면서 흐른다. 두 번째 단계에선 해당 인스턴스에 대한 신경망의 예측값과 (훈련용 데이터에 이미 들어 있는) 실제 정확한 값 사이 차이를 통해 신경망 전체의 오차를 구하고, 이 오차를 출력층으로부터 한 층 한 층 뒤로 전달하면서(역으로 전파되면서) 각 뉴런이 얼마나 기여했는지 구하게 된다.

연관 규칙 마이닝 association-rule mining
자주 함께 나타나는 요소들의 그룹을 찾아내는 비지도 데이터 분석 기술. 장바구니 분석이 전형적인 예로, 소매 업체는 이를 통해 핫도그, 케첩, 맥주 등과 같이 소비자가 함께 사는 상품이 무엇인지 알아낼 수 있다.

예측 prediction
데이터 과학과 기계학습 분야에서 예측이란 주어진 인스턴스의 목표 속성 값을 그 인스턴스 다른 속성(또는 입력 속성)의 값을 바탕으로 추정하는 일을 말한다.

온라인 분석 공정 online analytical processing(OLAP)
온라인 분석 공정(OLAP)은 과거 데이터와 여러 원천으로부터 결합된 데이터에 대한 요약을 생성하는 작업을 말한다. 온라인 분석 공정은 매장별 판매, 분기별 판매 등과 같이 데이터에 대해 미리 정의된 차원들을 이용해 데이터 창고에 있는 데이터를 자르고, 다지고, 돌려볼 수 있게 하며 보고서 형식의 요약을 생성하도록 설계되었다. 온라인 트랜잭션 처리(OLTP)와 대비된다.

온라인 트랜잭션 처리 online transaction processing(OLTP)

온라인 트랜잭션 처리(OLTP)는 다중 접속 환경에서 짧은 온라인 데이터 트랜잭션(삽입, 삭제, 업데이트 등과 같은 것)을 빠르면서도 데이터 무결성을 해치지 않게 처리하는 데 초점을 맞춰 설계한 공정을 말한다. 과거 데이터에 대한 보다 복잡한 작업을 위해 설계된 온라인 분석 공정(OLAP) 시스템과 대비된다.

운영 데이터 저장소 operational data store(ODS)

운영 데이터 저장소(ODS) 시스템은 운영 보고서를 지원하기 위해 여러 시스템에서 운영용 또는 거래용 데이터를 받아 결합해주는 시스템이다.

이상 탐지 anomaly detection

데이터 세트에서 이례적인 데이터를 찾거나 그런 예를 구분해내는 작업. 이렇게 예상을 따르지 않는 사례를 보통 이상anomalies 또는 극단값outliers이라고 부른다. 이 작업은 상세한 조사를 개시하기 위해 우선 사기 행위로 의심되는 금융 거래를 찾아내는 용도로 자주 이용된다.

인스턴스 instance

데이터 세트의 각 행마다 있는 정보들을 한 인스턴스(사례example, 개체entity, 경우case, 기록record 등이 모두 같은 뜻이다)의 정보라고 한다.

의사결정 나무 decision tree

만약-어떠하다면-또는(if-then-else) 규칙을 나무 모양의 구조로 짜는 예측 모델 가운데 하나. 나무에 있는 각 노드는 한 속성에 대해 어떤 검증을 할 것인지 정의하며, 뿌리 노드로부터 마지막 잎 노드까지 각 경로는 한 인스턴스에 대한 예측을 하기 위해 그 인스턴스가 반드시 통과해야 하는 일련의 검증을 정의한다.

지도 학습 supervised learning

한 인스턴스의 여러 입력 속성의 값들을 같은 인스턴스의 목표 속성에서 누락된 값에 대한 추정치로 연결(매핑)하는 함수를 학습하는 것이 목적인 기계학습의 한 형태.

추출, 변환, 적재 extraction, transformation, load(ETL)

ETL은 데이터베이스 사이에 데이터를 매핑하고, 합치고, 옮기는 데 쓰는 전형적인 작업 방식과 도구를 일컫는 말이다.

파생 속성 derived attribute

어떤 대상을 직접 측정해서 얻기보다 다른 데이터에 함수를 적용해서 생성되는 속성을 일컫는다. 한 집단의 평균값을 말하는 '평균' 속성 같은 것이 파생 속성의 예이다. 날 속성 (raw attribute)과 대비되는 말이다.

포획 데이터 captured data

데이터를 수집하기 위한 목적으로 설계된 직접적인 측정 과정을 통해 포획된 데이터. 방출 데이터(exhaust data)와 대비된다.

하둡 Hadoop

하둡은 아파치 소프트웨어 재단(Apache Software Foundation)이 개발한 오픈소스 프레임워크로서, 빅데이터를 처리하기 위해 설계되었다. 분산 저장과 상업용 하드웨어의 클러스터를 이용한 계산 등의 기술을 쓴다.

회귀분석 regression analysis

모든 입력 속성 값이 고정될 때 숫자형 목표 속성의 기대(또는 평균) 값을 추정하는 분석. 회귀분석은 입력과 출력 사이에 회귀 함수(regression function)라는 매개 변수가 있는 수학적 모델로 된 관계가 있다고 가정한다. 회귀 함수는 여러 개의 매개 변수를 가질 수 있으며, 회귀분석의 핵심은 맞는 매개 변수의 구성을 찾는 데 있다.

주

1장

1. 1989년 KDD 모집 공고에서 따옴.
2. 일부 데이터 분석자는 데이터 마이닝을 KDD의 특정한 접근법이나 하위 개념으로 구분하기도 한다.
3. 이 논의에 대한 근래 리뷰를 보려면, 〈데이터 과학 벤다이어그램의 전투 Battle of the Data Science Venn Diagrams〉(Taylor 2016)를 참조.
4. 캔서 문샷 이니셔티브(Cancer Moonshot Initiative)에 대해선 https://www.cancer.gov/research/key-initiatives 참조.
5. 프리시전 메디슨 이니셔티브(Precision Medicine Initiative)의 올 오브 어스(All of Us) 프로그램에 대해선 https://allofus.nih.gov 참조.
6. 폴리스 데이터 이니셔티브(Police Data Initiative)에 대해선 https://www.policedatainitiative.org 참조.
7. 알파고(AlphaGo)에 대해선 https://deepmind.com/research/alphago 참조.

2장

1. 많은 데이터 세트가 보통 단순한 n × m 행렬이지만 보다 복잡한 경우도 있다. 예를 들어 여러 속성의 시간에 따른 진화를 묘사하는 데이터 세트의 경우 각 시기마다 그때 속성의 상태를 묘사하기 위한 2차원의 n × m 행렬이면서 전체 구조는 시간이 스냅사진 같은 2차원 행렬과 결합되는 3차원 구조의 데이터 세트도 있을 수 있다. 그런 의미에서 행렬(matrix)을 보다 고차원의 개념으로 확장한 텐서(tensor)라는 용어가 행렬 대신 쓰이기도 한다.
2. 이 예는 Han, Kamber, and Pei 2011에서 영감을 얻었다.

3장

1. 스톰 누리집의 주소는 http://storm.apache.org이다.

4장

1. 이 절의 부제, '상관관계는 인과관계가 아니지만 일부는 유용하다'는 George E. P. Box(1979)의 관찰, "근본적으로 모든 모델은 틀렸지만, 일부는 유용하다"에서 영감

을 받았다.

2. 숫자형 속성에서 가장 널리 알려진 집중경향치는 평균이며, 명목형이나 순서형 데이터의 경우는 최빈값(집중경향을 가장 잘 나타내는 가장 자주 나타나는 값)이다.

3. 여기서 더 복잡한 표현 방식 ω_0와 ω_1 등을 쓰는 이유는 몇 문단 뒤에 이 공식을 하나 이상의 입력 속성을 받는 경우까지 확장할 것이기 때문이다. 그렇게 여러 입력값을 다룰 경우 변수에 첨자를 붙이는 표현 방식이 유용하다.

4. 주의사항: 여기에 쓰인 숫자값은 단지 예를 들기 위함이며 체질량지수와 당뇨병 발병 확률의 실제 관측치로 해석해선 안 된다.

5. 신경망은 일반적으로 입력값들이 모두 비슷한 범위 안에 있을 때 가장 잘 작동한다. 입력 속성의 범위 사이에 큰 차이가 있으면 훨씬 큰 값을 가지고 있는 속성이 신경망 전체를 지배하는 경향이 있다. 이를 피하기 위해선 입력 속성이 모두 비슷한 범위를 갖도록 정규화(normalize)를 해주는 것이 좋다.

6. 단순하게 하기 위해 그림 14와 15에는 연결에 붙는 비중을 넣지 않았다.

7. 역전파 알고리즘은 기술적으론 네트워크의 각 뉴런의 비중을 미적분의 연쇄 법칙을 이용한 오차의 도함수를 계산해 구하지만, 여기선 역전파 알고리즘의 배경 개념의 핵심을 명료하게 설명하기 위해서 오차와 오차의 도함수 사이 구분에 대한 논의는 건너뛰었다.

8. 숨겨진 층이 얼마나 많아야 "딥(깊다)하다"고 할 수 있는지 최소 숫자에 대한 합의는 없지만, 어떤 이들은 단지 2개 층만 있어도 충분히 깊다고 주장한다. 많은 심층 신경망이 수십 개의 층을 가지고 있지만, 수백에서 수천 개의 층을 가지고 있는 신경망도 있다.

9. 이해하기 쉬운 순환신경망(RNN)과 자연어 처리에 대한 소개는 Kelleher 2016 참조.

10. 기술적으로 오차 추정의 약화 문제는 기울기 사라짐 문제(vanishing-gradient problem)라고 하는데, 알고리즘이 네트워크를 따라 앞으로 나아가다 보면 오차 표면에서 기울기가 사라지기 때문에 그런 이름이 붙었다.

11. 두 가지 복합 경계 조건(corner case)에서도 알고리즘은 종료되는데 데이터 세트를 나눈 뒤에 어떤 가지에 아무 인스턴스도 없게 되거나 또는 뿌리 노드와 가지 사이에 모든 입력 속성을 이미 다 써버렸을 경우다. 두 경우 모두 종료 노드가 추가되고, 레이블은 그 가지 상위의 부모 노드에 있는 인스턴스들 가운데 다수가 가지고 있는 목표 속성 값을 달면서 끝난다.

12. 엔트로피에 대한 더 자세한 소개와 의사결정 나무에서 쓰임에 대해 알고 싶으면 Kelleher, Mac Namee, and D'Arcy 2015의 정보 기반 학습 참조.

13. "설명 받을 권리"에 대한 논쟁에 대해 알고 싶다면 Burt 2017 참조.

5장

1. Kelleher, Mac Namee, and D'Arcy 2015의 고객 이탈 사례 연구는 성향 모델에서 속성 설계에 대해 보다 자세한 내용을 다루고 있다.

6장

1. 행동 타깃팅은 이용자의 온라인 활동, 즉 방문한 사이트, 클릭한 대상, 사이트에서 보낸 시간 등의 데이터와 그 사용자에게 어떤 광고를 보여줄지에 대한 예측 모델링 등을 이용한다.

2. 유럽연합 프라이버시와 전자 통신 지침 EU Privacy and Electronic Communications Directive (2002/58/EC).

3. 예를 들어 어떤 예비 엄마는 판촉용 예비 엄마 프로그램에 가입하는 방식으로 소매 업자에게 명확히 임신 사실을 알리기도 한다.

4. 프레드폴에 대해선 http://www.predpol.com 참조.

5. 파놉티콘은 18세기에 제레미 벤담(Jeremy Bentham)이 감옥, 정신병동 등을 대상 으로 설계한 교화용 건물이다. 파놉티콘의 결정적 특징은 수감자 모르게 직원이 수 감자를 관찰할 수 있는 것이었다. 이런 설계에 바탕이 된 아이디어는 수감자가 항 상 자신이 감시받고 있도록 생각하게 만든다는 것이다.

6. 디지털 흔적(digital footprint)과 다르다.

7. 민권법(Civil Rights Act of 1964), Pub. L. 88-352, 78 Stat. 241, at https://www. gpo.gov/fdsys/pkg/STATUTE-78/pdf/STATUTE-78-Pg241.pdf

8. 미국 장애인법(Americans with Disabilitieis Act of 1990), Pub. L. 101-336, 104 Stat. 327, at https://www.gpo.gov/fdsys/pkg/STATUTE-104/pdf/STATUTE-104-Pg327.pdf

9. 공정 정보 사용 원칙은 https://www.dhs.gov/publication/fair-information-practice-principles-fipps에서 볼 수 있다.

10. 캘리포니아 주의회(Senate of California), SB-568 Privacy: Internet: Minors, Business and Professions Code, Relating to the Internet(인터넷 관련 미성년자, 사업자와 전문가에 대한 규칙), vol. division 8, chap. 22.1 (commencing with sec. 22580) (2013) https://leginfo.legislature.ca.gov/faces/billNavClient.xhtml?bill_id=201320140SB568

7장

1. 스마트산탄데르 프로젝트에 대한 보다 자세한 내용은 http://smartsantander.eu 참조.

2. 도쿄 전력회사(TEPC)의 프로젝트에 대한 보다 자세한 내용은 http://www.tepco.co.jp/en/press/corp-com/release/2015/1254972_6844.html 참조.

3. 레오 톨스토이의 작품 《안나 카레니나》(1877)는 이렇게 시작한다. "모든 행복한 가 정은 비슷하지만, 불행한 가정은 모두 저마다의 이유로 불행하다." 톨스토이의 생 각은 가정이 행복하려면 여러 부분(사랑, 재정, 건강, 인척관계)에서 모두 성공적이 어야 하고, 이 가운데 어느 일부분만 실패해도 불행으로 이어진다는 것이다. 모든 행복한 가정은 이들 부분에 모두 성공적이니까 다 비슷하지만 불행한 가정은 서로 다른 수많은 이유의 조합으로 불행한 것이다.

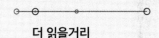

더 읽을거리

데이터와 빅데이터 관련

Davenport, Thomas H. *Big Data at Work: Dispelling the Myths, Uncovering the Opportunities.* Cambridge, MA: Harvard Business Review, 2014. 《빅데이터@워크: 똑똑하게 다루고 적용하는 새로운 빅데이터 패러다임》(21세기북스)

Harkness, Timandra. *Big Data: Does Size Matter?* New York: Bloomsbury Sigma, 2016.

Kitchin, Rob. *The Data Revolution: Big Data, Open Data, Data Infrastructures, and Their Consequences.* Los Angeles: Sage, 2014.

Mayer-Schönberger, Viktor, and Kenneth Cukier. *Big Data: A Revolution That Will Transform How We Live, Work, and Think.* Boston: Eamon Dolan/Mariner Books, 2014.

Pomerantz, Jeffrey. Metadata. Cambridge, MA: MIT Press, 2015.

Rudder, Christian. Dataclysm: *Who We Are (When We Think No One's Looking).* New York: Broadway Books, 2014. 《빅데이터 인간을 해석하다》(다른)

데이터 과학, 데이터 마이닝, 기계학습 관련

Kelleher, John D., Brian Mac Namee, and Aoife D"Arcy. *Fundamentals of Machine Learning for Predictive Data Analytics.* Cambridge, MA: MIT Press, 2015. 《데이터 예측을 위한 머신 러닝 -기본 알고리즘 및 적용 예제, 사례 연구로 살펴보는》(에이콘출판)

Linoff, Gordon S., and Michael J. A. Berry. *Data Mining Techniques: For Marketing,Sales, and Customer Relationship Management*. Indianapolis, IN: Wiley, 2011. 《경영을 위한 데이터 마이닝 -마케팅과 CRM 활용을 중심으로》(한경사)

Provost, Foster, and Tom Fawcett. *Data Science for Business: What You Need to Know about Data Mining and Data-Analytic Thinking*. Sebastopol, CA: O"Reilly Media, 2013. 《비즈니스를 위한 데이터 과학》(한빛미디어)

프라이버시, 윤리, 광고 관련

Dwork, Cynthia, and Aaron Roth. 2014. "The Algorithmic Foundations of Differential Privacy." *Foundations and Trends®* in Theoretical Computer Science 9 (3-4): 211-407.

Nissenbaum, Helen. Privacy in Context: *Technology, Policy, and the Integrity of Social Life*. Stanford, CA: Stanford Law Books, 2009.

Solove, Daniel J. *Nothing to Hide: The False Tradeoff between Privacy and Security*. New Haven, CT: Yale University Press, 2013. 《숨길 수 있는 권리》(동아시아)

Turow, Joseph. *The Daily You: How the New Advertising Industry Is Defining Your Identity and Your Worth*. New Haven, CT: Yale University Press, 2013.

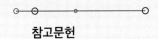

참고문헌

Anderson, Chris. 2008. *The Long Tail: Why the Future of Business Is Selling Less of More*. Rev. ed. New York: Hachette Books. 《롱테일 경제학》(랜덤하우스코리아)

Baldridge, Jason. 2015. "Machine Learning and Human Bias: An Uneasy Pair." *TechCrunch*, August 2. http://social.techcrunch.com/2015/08/02/machine-learning-and-human-bias-an-uneasy-pair.

Barry-Jester, Anna Maria, Ben Casselman, and Dana Goldstein. 2015. "Should Prison Sentences Be Based on Crimes That Haven't Been Committed Yet?" *FiveThirtyEight*, August 4. https://fivethirtyeight.com/features/prison-reform-risk-assessment.

Batty, Mike, Arun Tripathi, Alice Kroll, Peter Wu Cheng-sheng, David Moore, Chris Stehno, Lucas Lau, Jim Guszcza, and Mitch Katcher. 2010. "Predictive Modeling for Life Insurance: Ways Life Insurers Can Participate in the Business Analytics Revolution." Society of Actuaries. https://www.soa.org/files/pdf/research-pred-mod-life-batty.pdf.

Beales, Howard. 2010. "The Value of Behavioral Targeting." Network Advertising Initiative. http://www.networkadvertising.org/pdfs/Beales_NAI_Study.pdf.

Berk, Richard A., and Justin Bleich. 2013. "Statistical Procedures for Forecasting Criminal Behavior." *Criminology & Public Policy* 12 (3): 513-544.

Box, George E. P. 1979. "Robustness in the Strategy of Scientific Model Building," in *Robustness in Statistics*, ed. R. L. Launer and G. N. Wilkinson, 201-236. New York: Academic Press.

Breiman, Leo. 2001. "Statistical Modeling: The Two Cultures (with Comments and a Rejoinder by the Author)." *Statistical Science* 16 (3): 199-231. doi:10.1214/ss/1009213726.

Brown, Meta S. 2014. *Data Mining for Dummies*. New York: Wiley. http://www.wiley.com/WileyCDA/WileyTitle/productCd-1118893174,subjectCd-STB0.html.

Brynjolfsson, Erik, Lorin M. Hitt, and Heekyung Hellen Kim. 2011. "Strength in Numbers: How Does Data-Driven Decisionmaking Affect Firm Performance?" SSRN Scholarly Paper ID 1819486. Social Science Research Network, Rochester, NY. https://papers.ssrn.com/abstract=1819486.

Burt, Andrew. 2017. "Is There a 'Right to Explanation' for Machine Learning in the GDPR?" https://iapp.org/news/a/is-there-a-right-to-explanation-for-machine-learning-in-the-gdpr.

Buytendijk, Frank, and Jay Heiser. 2013. "Confronting the Privacy and Ethical Risks of Big Data." *Financial Times*, September 24. https://www.ft.com/content/105e30a4-2549-11e3-b349-00144feab7de.

Carroll, Rory. 2013. "Welcome to Utah, the NSA's Desert Home for Eavesdropping on America." *Guardian*, June 14. https://www.theguardian.com/world/2013/jun/14/nsa-utah-data-facility.

Cavoukian, Ann. 2013. "Privacy by Design: The 7 Foundation Principles (Primer)." Information and Privacy Commissioner, Ontario, Canada. https://www.ipc.on.ca/wp-content/uploads/2013/09/pbd-primer.pdf.

Chapman, Pete, Julian Clinton, Randy Kerber, Thomas Khabaza, Thomas Reinartz, Colin Shearer, and Rudiger Wirth. 1999. "CRISP-DM 1.0: Step-by-Step Data Mining Guide." ftp://ftp.software.ibm.com/software/analytics/spss/support/Modeler/Documentation/14/UserManual/CRISP-DM.pdf.

Charter of Fundamental Rights of the European Union. 2000. *Official Journal of the European Communities* C (364): 1-22.

Cleveland, William S. 2001. "Data Science: An Action Plan for Expanding the Technical Areas of the Field of Statistics." *International Statistical Review* 69 (1): 21-26. doi:10.1111/j.1751-5823.2001.tb00477.x.

Clifford, Stephanie. 2012. "Supermarkets Try Customizing Prices for Shoppers." *New York Times*, August 9. http://www.nytimes.com/2012/08/10/business/supermarkets-try-customizing-prices-for-shoppers.html.

Council of the European Union and European Parliament. 1995. "95/46/EC of the European Parliament and of the Council of 24 October 1995 on the Protection of Individuals with Regard to the Processing of Personal Data and on the Free Movement of Such Data." *Official Journal of the European Community* L 281:38-1995): 31-50.

Council of the European Union and European Parliament. 2016. "General Data Protection Regulation of the European Council and Parliament." *Official Journal of the European Union* L 119: 1-2016. http://ec.europa.eu/justice/data-protection/reform/files/regulation_oj_en.pdf.

CrowdFlower. 2016. *2016 Data Science Report*. http://visit.crowdflower.com/rs/416-ZBE-142/images/CrowdFlower_DataScienceReport_2016.pdf.

Datta, Amit, Michael Carl Tschantz, and Anupam Datta. 2015. "Automated Experiments on Ad Privacy Settings." *Proceedings on Privacy Enhancing Technologies* 2015 (1): 92-112.

DeZyre. 2015. "How Big Data Analysis Helped Increase Walmart's Sales Turnover." May 23. https://www.dezyre.com/article/how-big-data-analysis-helped-increase-walmarts-sales-turnover/109.

Dodge, Martin, and Rob Kitchin. 2007. "The Automatic Management of Drivers and Driving Spaces." *Geoforum* 38 (2): 264-275.

Dokoupil, Tony. 2013. "'Small World of Murder': As Homicides Drop, Chicago Police Focus on Social Networks of Gangs." *NBC News*, December 17. http://www.nbcnews.com/news/other/small-world-murder-homicides-drop-chicago-police-focus-social-networks-f2D11758025.

Duhigg, Charles. 2012. "How Companies Learn Your Secrets." *New York Times*, February 16. http://www.nytimes.com/2012/02/19/magazine/shopping-habits.html.

Dwork, Cynthia, and Aaron Roth. 2014. "The Algorithmic Foundations of

Differential Privacy." *Foundations and Trends®* in Theoretical Computer Science 9 (3-4): 211-407.

Eliot, T. S. 1934 [1952]. "Choruses from 'The Rock.'" In T. S. Eliot: The Complete *Poems and Plays*—1909-1950. San Diego: Harcourt, Brace and Co.

Elliott, Christopher. 2004. "BUSINESS TRAVEL; Some Rental Cars Are Keeping Tabs on the Drivers." *New York Times, January* 13. http://www.nytimes.com/2004/01/13/business/business-travel-some-rental-cars-are-keeping-tabs-on-the-drivers.html.

Eurobarometer. 2015. "Data Protection." Special Eurobarometer 431. http://ec.europa.eu/COMMFrontOffice/publicopinion/index.cfm/Survey/index#p=1&instruments=SPECIAL.

European Commission. 2012. "Commission Proposes a Comprehensive Reform of the Data Protection Rules—uropean Commission." January 25. http://ec.europa.eu/justice/newsroom/data-protection/news/120125_en.htm.

European Commission. 2016. "The EU-U.S. Privacy Shield." December 7. http://ec.europa.eu/justice/data-protection/international-transfers/eu-us-privacy-shield/index_en.htm.

Federal Trade Commission. 2012. Protecting Consumer Privacy in an Era of Rapid Change. Washington, DC: Federal Trade Commission. https://www.ftc.gov/sites/default/files/documents/reports/federal-trade-commission-report-protecting-consumer-privacy-era-rapid-change-recommendations/120326privacyreport.pdf.

Few, Stephen. 2012. *Show Me the Numbers: Designing Tables and Graphs to Enlighten*. 2nd ed. Burlingame, CA: Analytics Press.

Goldfarb, Avi, and Catherine E. Tucker. 2011. Online Advertising, Behavioral Targeting, and Privacy. *Communications of the ACM* 54 (5): 25-27.

Gorner, Jeremy. 2013. "Chicago Police Use Heat List as Strategy to Prevent Violence." *Chicago Tribune*, August 21. http://articles.chicagotribune.com/2013-08-21/news/ct-met-heat-list-20130821_1_chicago-police-commander-andrew-papachristos-heat-list.

Hall, Mark, Ian Witten, and Eibe Frank. 2011. *Data Mining: Practical Machine Learning Tools and Techniques*. Amsterdam: Morgan Kaufmann. 《데이터 마이닝: 데이터 속 숨은 의미를 찾는 기계학습의 이론과 응용》(에이콘출판)

Han, Jiawei, Micheline Kamber, and Jian Pei. 2011. *Data Mining: Concepts and Techniques*. 3rd ed. Haryana, India: Morgan Kaufmann. 《데이터 마이닝 개념과 기법》(에이콘출판)

Harkness, Timandra. 2016. *Big Data: Does Size Matter?* New York: Bloomsbury Sigma.

Henke, Nicolaus, Jacques Bughin, Michael Chui, James Manyika, Tamim Saleh, and Bill Wiseman. 2016. *The Age of Analytics: Competing in a Data-Driven World*. Chicago: McKinsey Global Institute. http://www.mckinsey.com/business-functions/mckinsey-analytics/our-insights/the-age-of-analytics-competing-in-a-data-driven-world.

Hill, Shawndra, Foster Provost, and Chris Volinsky. 2006. Network-Based Marketing: Identifying Likely Adopters via Consumer Networks. *Statistical Science* 21 (2): 256-276. doi:10.1214/088342306000000222.

Hunt, Priscillia, Jessica Saunders, and John S. Hollywood. 2014. *Evaluation of the Shreveport Predictive Policing Experiment*. Santa Monica, CA: Rand Corporation. http://www.rand.org/pubs/research_reports/RR531.

Innes, Martin. 2001. Control Creep. *Sociological Research Online* 6 (3). https://ideas.repec.org/a/sro/srosro/2001-45-2.html.

Kelleher, John D. 2016. "Fundamentals of Machine Learning for Neural Machine Translation." In *Proceedings of the European Translation Forum*, 1-15. Brussels: European Commission Directorate-General for Translation. https://tinyurl.com/RecurrentNeuralNetworks.

Kelleher, John D., Brian Mac Namee, and Aoife D'Arcy. 2015. *Fundamentals of Machine Learning for Predictive Data Analytics*. Cambridge, MA: MIT Press. Kerr, Aphra. 2017. *Global Games: Production, Circulation, and Policy in the Networked Era*. New York: Routledge. 《데이터 예측을 위한 머신 러닝 -기본 알고리즘 및 적용 예제, 사례 연구로 살펴보는》(에이콘출판)

Kitchin, Rob. 2014a. *The Data Revolution: Big Data, Open Data, Data Infrastructures, and Their Consequences*. Los Angeles: Sage.

Kitchin, Rob. 2014b. "The Real-Time City? Big Data and Smart Urbanism." *GeoJournal* 79 (1): 1-14. doi:10.1007/s10708-013-9516-8.

Koops, Bert-Jaap. 2011. "Forgetting Footprints, Shunning Shadows: A Critical Analysis of the 'Right to Be Forgotten' in Big Data Practice." Tilburg Law School Legal Studies Research Paper no. 08/2012. *SCRIPTed* 8 (3): 229-56. doi:10.2139/ssrn.1986719.

Korzybski, Alfred. 1996. "On Structure." In *Science and Sanity: An Introduction to Non-Aristotelian Systems and General Semantics*, CD-ROM, ed. Charlotte Schuchardt-Read. Englewood, NJ: Institute of General Semantics. http://esgs.free.fr/uk/art/sands.htm.

Kosinski, Michal, David Stillwell, and Thore Graepel. 2013. "Private Traits and Attributes Are Predictable from Digital Records of Human Behavior." *Proceedings of the National Academy of Sciences of the United States of America* 110 (15):5802-5805. doi:10.1073/pnas.1218772110.

Le Cun, Yann. 1989. *Generalization and Network Design Strategies*. Technical Report CRG-TR-89-4. Toronto: University of Toronto Connectionist Research Group.

Levitt, Steven D., and Stephen J. Dubner. 2009. *Freakonomics: A Rogue Economist Explores the Hidden Side of Everything*. New York: William Morrow Paperbacks. 《괴짜경제학》(웅진지식하우스)

Lewis, Michael. 2004. *Moneyball: The Art of Winning an Unfair Game*. New York: Norton. 《머니볼》(비즈니스맵)

Linoff, Gordon S., and Michael J.A. Berry. 2011. *Data Mining Techniques: For Marketing, Sales, and Customer Relationship Management*. Indianapolis, IN: Wiley. 《경영을 위한 데이터 마이닝 -마케팅과 CRM 활용을 중심으로》(한경사)

Manyika, James, Michael Chui, Brad Brown, Jacques Bughin, Richard Dobbs, Charles Roxburgh, and Angela Hung Byers. 2011. *Big Data: The Next Frontier for Innovation, Competition, and Productivity*. Chicago: McKinsey Global Institute. http://www.

mckinsey.com/business-functions/digital-mckinsey/our-insights/big-data-the-next-frontier-for-innovation.

Marr, Bernard. 2015. *Big Data: Using SMART Big Data, Analytics, and Metrics to Make Better Decisions and Improve Performance.* Chichester, UK: Wiley. 《빅데이터 4차산업 혁명의 언어》(학고재)

Mayer, J. R., and J. C. Mitchell. 2012. "Third-Party Web Tracking: Policy and Technology." In 2012 *IEEE Symposium on Security and Privacy,* 413-27. Piscataway, NJ: IEEE. doi:10.1109/SP.2012.47.

Mayer, Jonathan, and Patrick Mutchler. 2014. "MetaPhone: The Sensitivity of Telephone Metadata." *Web Policy,* March 12. http://webpolicy.org/2014/03/12/metaphone-the-sensitivity-of-telephone-metadata.

Mayer-Schonberger, Viktor, and Kenneth Cukier. 2014. *Big Data: A Revolution That Will Transform How We Live, Work, and Think.* Reprint. Boston: Eamon Dolan/Mariner Books. 《빅 데이터가 만드는 세상 -데이터는 알고 있다》(21세기북스)

McMahan, Brendan, and Daniel Ramage. 2017. "Federated Learning: Collaborative Machine Learning without Centralized Training Data." *Google Research Blog,* April. https://research.googleblog.com/2017/04/federated-learning-collaborative.html.

Nilsson, Nils. 1965. *Learning Machines: Foundations of Trainable Pattern-Classifying Systems.* New York: McGraw-Hill.

Oakland Privacy Working Group. 2015. "PredPol: An Open Letter to the Oakland City Council." June 25. https://www.indybay.org/newsitems/2015/06/25/18773987.php.

Organisation for Economic Co-operation and Development (OECD). 1980. Guidelines on *the Protection of Privacy and Transborder Flows of Personal Data. Paris:* OECD. https://www.oecd.org/sti/ieconomy/oecdguidelinesontheprotectionofprivacyandtransborderflowsofpersonaldata.htm.

Organisation for Economic Co-operation and Development (OECD). 2013. *2013 OECD Privacy Guidelines.* Paris: OECD. https://www.oecd.org/internet/ieconomy/privacy-guidelines.htm.

O'Rourke, Cristin, and Aphra Kerr. 2017. "Privacy Schield for Whom? Key Actors and Privacy Discourse on Twitter and in Newspapers." In "Redesigning or Redefining Privacy?," special issue of *Westminster Papers in Communication and Culture* 12 (3): 21-36. doi:http://doi.org/ 10.16997/wpcc.264.

Pomerantz, Jeffrey. 2015. *Metadata*. Cambridge, MA: MIT Press. https://mitpress.mit.edu/books/metadata-0.

Purcell, Kristen, Joanna Brenner, and Lee Rainie. 2012. "Search Engine Use 2012." Pew Research Center, March 9. http://www.pewinternet.org/2012/03/09/main-findings-11/.

Quinlan, J. R. 1986. "Induction of Decision Trees." *Machine Learning* 1 (1): 81-106. doi:10.1023/A:1022643204877.

Rainie, Lee, and Mary Madden. 2015. "Americans' Privacy Strategies Post-Snowden." Pew Research Center, March. http://www.pewinternet.org/files/2015/03/PI_AmericansPrivacyStrategies_0316151.pdf.

Rhee, Nissa. 2016. "Study Casts Doubt on Chicago Police's Secretive 'Heat List.'" *Chicago Magazine*, August 17. http://www.chicagomag.com/city-life/August-2016/Chicago-Police-Data/.

Saunders, Jessica, Priscillia Hunt, and John S. Hollywood. 2016. "Predictions Put into Practice: A Quasi-Experimental Evaluation of Chicago's Predictive Policing Pilot." *Journal of Experimental Criminology* 12 (3): 347-371. doi:10.1007/s11292-016-9272-0.

Shmueli, Galit. 2010. "To Explain or to Predict?" *Statistical Science* 25 (3): 289-310. doi:10.1214/10-STS330.

Shubber, Kadhim. 2013. "A Simple Guide to GCHQ's Internet Surveillance Programme Tempora." *WIRED UK*, July 24. http://www.wired.co.uk/article/gchq-tempora-101.

Silver, David, Aja Huang, Chris J. Maddison, Arthur Guez, Laurent Sifre, George van den Driessche, Julian Schrittwieser, et al. 2016. "Mastering the Game of Go with Deep Neural Networks and Tree Search." *Nature* 529 (7587): 484-489. doi:10.1038/

nature16961.

Soldatov, Andrei, and Irina Borogan. 2012. "In Ex-Soviet States, Russian Spy Tech Still Watches You." *WIRED*, December 21. https://www.wired.com/2012/12/russias-hand.

Steinberg, Dan. 2013. "How Much Time Needs to Be Spent Preparing Data for Analysis?" http://info.salford-systems.com/blog/bid/299181/How-Much-Time-Needs-to-be-Spent-Preparing-Data-for-Analysis.

Taylor, David. 2016. "Battle of the Data Science Venn Diagrams." *KDnuggets*, October. http://www.kdnuggets.com/2016/10/battle-data-science-venn-diagrams.html.

Tufte, Edward R. 2001. *The Visual Display of Quantitative Information*. 2nd ed. Cheshire, CT: Graphics Press.

Turow, Joseph. 2013. *The Daily You: How the New Advertising Industry Is Defining Your Identity and Your Worth*. New Haven, CT: Yale University Press.

Verbeke, Wouter, David Martens, Christophe Mues, and Bart Baesens. 2011. "Building Comprehensible Customer Churn Prediction Models with Advanced Rule Induction Techniques." *Expert Systems with Applications* 38 (3): 2354-2364.

Weissman, Cale Gutherie. 2015. "The NYPD's Newest Technology May Be Recording Conversations." *Business Insider*, March 26. http://uk.businessinsider.com/the-nypds-newest-technology-may-be-recording-conversations-2015-3.

Wolpert, D. H., and W. G. Macready. 1997. "No Free Lunch Theorems for Optimization." *IEEE Transactions on Evolutionary Computation* 1 (1): 67-82. doi:10.1109/4235.585893.

DATA SCIENCE